LEÇONS DE CHIMIE

APPLIQUÉE

A L'AGRICULTURE,

Par M. ISIDORE PIERRE,

Professeur de Chimie à la Faculté des Sciences.

Deuxième année.

Cours de l'année 1849-1850.

CAEN,
DELOS, Imprimeur-Libraire, cour de la Monnaie.

1850.

TABLE DES MATIÈRES.

Ire LEÇON.	Rappel des principaux points qui ont été traités dans les leçons de l'an dernier. — Des essais en agriculture. — Dispositions relatives à la falsification des engrais.	1
IIe LEÇON.	Excréments liquides de l'homme et des animaux. — Leur composition chimique.	13
IIIe LEÇON.	Moyens proposés pour la conservation des principes fertilisants des urines. — Emploi des urines comme engrais.	26
IVe LEÇON.	Déjections solides des animaux et de l'homme. — Leur composition, leur désinfection. — Poudrettes, etc.	37
Ve LEÇON.	Désinfection des matières fécales humaines (*Suite*). — De l'emploi et de la valeur, comme engrais, des excréments mixtes de l'homme et des animaux.	48
VIe LEÇON.	Suite de la précédente. — Engrais flamand.	58
VIIe LEÇON.	Composition chimique des litières.	66
VIIIe LEÇON.	Litières terreuses. — Fumiers. — Leur confection. — Système belge. — Méthode suisse.	83
IXe LEÇON.	Suite des fumiers. — Disposition des tas de fumiers dans les cours de ferme, etc.	95
Xe LEÇON.	Suite des fumiers. — Leur composition à différents états de décomposition. — De l'état de décomposition le plus convenable pour leur emploi.	107
XIe LEÇON.	De l'emploi des fumiers provenant d'animaux divers. — Colombine. — Poulaille. — Guano (sa composition, ses principaux gisements).	118
XIIe LEÇON.	Guano. — Son emploi comme engrais. — Guano artificiel. Débris divers d'animaux: sang, chair musculaire, etc.	129
XIIIe LEÇON.	Pains de creton. — Rebuts et débris de poissons. — Tangrum. — Débris et chiffons de laine. — Poils et autres débris. — Marc de colle, etc. — Tableau des quantités de divers engrais animaux, équivalant, par leur richesse en azote, à 100 kilog. de fumier de ferme.	142

LEÇONS DE CHIMIE

APPLIQUÉE

A L'AGRICULTURE,

Par M. Isidore PIERRE,

Professeur de Chimie à la Faculté des Sciences.

Deuxième année.

Cours de l'année 1849-1850.

Ire LEÇON.

Messieurs, dans nos conférences de l'année dernière, nous nous sommes attachés plus spécialement à l'étude de la composition chimique des plantes et des sols sur lesquels elles végètent.

Cette étude préliminaire a dû paraître un peu aride à ceux d'entre vous qui, peu familiarisés avec les études chimiques, n'entrevoyaient pas d'abord l'utilité de ces premières notions scientifiques.

Mais vous avez dû reconnaître bientôt, lorsque nous avons cherché à discuter la valeur de quelques-uns des assolements les mieux étudiés, que ces premières notions nous étaient indispensables.

Vous avez dû même vous apercevoir que, plus d'une fois, nous nous sommes trouvés arrêtés dans cette discussion, faute de connaissances suffisantes sur la composition chimique de plusieurs des plantes admises dans les cultures usuelles.

Pour n'en citer qu'un exemple, je n'ai pu trouver nulle part une analyse complète du colza qui permit de discuter, avec entière connaissance de cause, sa valeur dans les rotations de culture dans lesquelles il est admis. Ce que je dis du colza s'applique à beaucoup d'autres plantes cultivées.

Ces lacunes seront sans doute remplies peu à peu, il n'en faut pas douter ; mais l'incertitude qu'elles laissent dans notre esprit, lorsqu'il s'agit d'une discussion avec pièces à l'appui, suffira, je l'espère du moins, pour me justifier d'avoir consacré, l'an dernier, un si grand nombre de leçons aux connaissances qu'on peut appeler les principes de l'application de la chimie à l'agriculture.

Enfin, nous avons consacré nos cinq dernières leçons à l'étude d'une classe particulière d'engrais, des engrais végétaux.

Je ne sais si j'ai réussi à vous bien faire comprendre toutes les ressources que l'agriculture pourrait et devrait tirer des connaissances chimiques dans toutes les questions relatives aux engrais.

Je ne vous ai pas dissimulé non plus, Messieurs, que la question des engrais est aussi une de celles sur lesquelles les chimistes agronomes ont professé et professent encore parfois les opinions les plus opposées.

C'est que, malheureusement, dans la question qui nous occupe, comme dans toutes les questions que l'on veut ériger en théorie, il arrive bien souvent qu'on accorde un peu à l'expérience et beaucoup à l'imagination. Lorsqu'on laisse ainsi à l'imagination le soin de nous guider, lorsqu'on lui reconnaît le droit de résoudre les questions, il n'y a plus de bonnes observations possibles, et la vérité reste cachée. Si encore l'imagination se chargeait nettement, franchement du soin de résoudre ces questions, le mal ne tarderait pas à trouver son remède, parce qu'il se trouverait bientôt quelques esprits positifs qui demanderaient les preuves à l'appui des systèmes qu'on voudrait faire prévaloir.

Le pire de tous les maux, c'est lorsque l'imagination s'empare de quelques faits pratiques bien ou mal établis, de quelques résultats isolés d'analyse chimique, et qu'elle bâtit sur ces fondements insuffisants, des théories d'autant plus séduisantes et plus dangereuses qu'elles ont quelque apparence de vérité. Lorsqu'une erreur de cette nature a une fois pris cours, qu'elle a vieilli, rien n'est plus difficile que de la réfuter. Il faut, pour renverser une vieille théorie, vingt fois, cent fois plus de faits irrécusables qu'il n'en a fallu pour l'établir.

Combien ne serait-il pas plus utile de reconnaître au besoin notre imperfection, d'avouer l'insuffisance de nos ressources actuelles ! Après nous, mille autres viendraient alors éprouver leurs forces et leur courage, et tôt ou tard la vérité finirait par se faire jour.

Comment se fait-il donc, Messieurs, que l'agriculture, cet art aussi ancien que le monde, marche si lentement dans la voie du progrès, tandis que nous voyons des industries, nées d'hier, arriver en très-peu de temps à un état surprenant de perfection ? C'est que, dans ces dernières, on connaît beaucoup mieux les éléments dont on dispose, et qu'on a compris tout de suite la nécessité de se laisser conduire par des principes scientifiques.

Lorsque le cultivateur se livre à des expériences ayant pour objet de rendre ses terres propres à porter une plante qui n'y réussissait pas, ou qui y réussissait mal, s'il n'est pas dirigé par de véritables principes scientifiques, il n'a qu'une faible chance de succès.

Des milliers d'agriculteurs font tous les jours de semblables essais de toute nature ; les plus habiles d'entre eux finissent par avoir un certain nombre d'expériences pratiques qui, réunies, forment une méthode de culture par laquelle on atteint quelquefois le but proposé pour une localité donnée. Mais, presque toujours, cette méthode, fruit de sacrifices considérables, fait déjà défaut au plus proche voisin, et n'est d'aucune utilité pour d'autres régions.

Quelle prodigieuse quantité de temps et d'argent se perd ainsi, pour avoir ignoré ou négligé les inductions scientifiques !

Dès qu'on a reconnu les causes réelles du manque de réussite d'une ou de plusieurs plantes dans un terrain, il devient possible d'appliquer le remède propre à les y faire prospérer.

C'est surtout par l'examen chimique comparatif des éléments constitutifs de la plante et du sol destiné à la porter, que l'on peut espérer d'arriver plus facilement à des améliorations de cette nature.

Cependant, Messieurs, ne tombons pas d'un excès dans un autre ; n'allons pas du souverain mépris de la science à un culte exclusif et irréfléchi. Sachons reconnaître qu'il est des circonstances indépendantes de notre volonté, qui viennent souvent à l'encontre des inductions scientifiques, qui viennent s'opposer à leur mise en pratique.

Sans doute, le but principal que doit se proposer un bon cultivateur est d'améliorer la terre, c'est-à-dire d'en modifier la constitution, les propriétés physiques, afin de les mettre en harmonie avec les exigences du climat et de la culture. Ainsi, dans une contrée où domine l'argile, il peut s'appliquer à faire acquérir au terrain, à un certain degré, les qualités des sols légers. La théorie indique les méthodes à suivre pour opérer ces changements. Par exemple, il suffit d'introduire du sable dans les terres trop tenaces; de l'argile ou de la glaise dans celles qui sont trop sablonneuses.

Mais ces conseils de la science, que le simple bon sens eût d'ailleurs indiqués, sont bien loin d'être toujours réalisables dans la pratique, et ne peuvent paraître faciles qu'aux personnes entièrement étrangères aux pratiques agricoles.

Le défoncement du sol, le transport des matériaux destinés à modifier sa nature constitutive, sont des opérations extrêmement coûteuses, et il ne serait pas difficile de citer nombre de cas où des améliorations de ce genre ont été, en définitive, désastreuses pour ceux qui les ont entreprises.

M. Boussingault cite l'exemple d'un terrain sableux, acheté à très-bas prix, et qui, après avoir été modifié par une addition d'argile, est revenu bien plus cher à son propriétaire que le prix des meilleures terres du pays.

Que sera-ce donc si ces améliorations sont entreprises, non plus par le propriétaire du sol, mais par un simple fermier?

On en pourrait citer plus d'un qui, après être parvenu, dans un domaine de moyenne étendue, à réaliser, par suite d'améliorations de ce genre, une assez jolie petite fortune, est allé l'enfouir dans des domaines plus étendus, et s'est vu ruiné avant d'avoir pu achever la tâche qu'il avait cru pouvoir s'imposer.

Ce n'est donc qu'avec une extrême prudence qu'il faut se décider à changer subitement la nature du sol par des défoncements ou par l'addition de substances étrangères introduites en grandes masses. L'amélioration la moins compromettante est celle qui se fait graduellement par la culture, car toute culture bien raisonnée doit infailliblement conduire au perfectionnement de la terre.

Lorsque le cultivateur n'a pas à sa disposition les matériaux convenables, ou, du moins, lorsqu'ils l'induiraient dans des avances hors de proportion avec ses ressources présentes, ce qui est peut-être le cas le plus général dans beaucoup de pays ; il doit chercher à faire un bon choix des plantes qui conviennent le mieux à ses terres telles qu'elles sont, telles qu'il peut les amender, et qui conviennent le moins mal aux marchés qu'il doit approvisionner.

En un mot, lorsqu'on ne veut pas s'exposer à regretter non-seulement les sacrifices de la bourse, mais encore ceux de l'amour-propre, il faut toujours se rappeler que l'amélioration de la couche superficielle du sol est encore plus une affaire de temps qu'une affaire d'argent, et surtout ne pas perdre de vue les circonstances climatériques qui peuvent être un obstacle insurmontable à l'introduction de certaines cultures dans un pays et dans une nature de terrain donnés.

Dans tous les cas, soit qu'il s'agisse de modifications dans la culture, soit qu'il s'agisse de l'introduction de nouvelles plantes, ou de l'appréciation différentielle des résultats obtenus par divers engrais ou amendements, lors même que la théorie la plus rationelle s'est prononcée d'une manière formelle, c'est toujours à l'expérience à prononcer en dernier ressort.

Mais ici encore, Messieurs, se présentent d'assez grandes difficultés : les expériences doivent-elles être faites sur une grande ou sur une petite échelle ?

On a bien des fois tourné en ridicule les expériences faites *en petit*.

On peut, dans certains cas, avoir presque raison ; d'autres fois on peut avoir tort.

S'il s'agit d'introduire dans l'agriculture usuelle l'usage d'un végétal peu connu, ou un nouveau mode de culture, il est nécessaire, sans aucun doute, que les expériences soient faites un peu en grand pour être concluantes ; autrement, on pourrait attribuer le succès à une culture exceptionnelle donnée au petit coin de terre dans lequel aurait été fait l'essai.

Une expérience faite en petit, en pareille circonstance, est une autorité que les cultivateurs ne manquent jamais de récuser.

Mais lorsqu'il s'agit d'*expériences comparatives*, c'est tout différent.

Ici, les essais en grand peuvent être aussi trompeurs, aussi incertains dans leurs résultats que les expériences en petit l'étaient dans le premier cas.

Il est nécessaire, pour ces sortes d'expériences, que les terrains d'essai soient contigus, de même nature sous tous les rapports, et dans les mêmes conditions.

Les essais ne pourraient pas être exactement comparables, si les parcelles de terrain dans lesquelles on les fait n'étaient pas labourées dans les mêmes conditions, ensemencées le même jour, etc., etc. ; car tous les agriculteurs savent bien quelle différence il peut y avoir entre les qualités du labour ou de l'ensemencement d'une journée à une autre.

D'un autre côté, il est extrêmement difficile d'avoir de grandes parcelles parfaitement comparables sous le rapport de la qualité de la terre, de la nature du sol et du sous-sol, de l'exposition, etc.

Toutes ces difficultés tendent à rendre beaucoup moins concluants les essais comparatifs faits sur de grandes étendues de terrain, que ceux qui sont faits sur des parcelles contiguës d'une petite étendue.

Enfin, Messieurs, pour que des essais agricoles ne tombent pas dans la règle commune, c'est-à-dire pour qu'ils ne conduisent pas à des résultats nuls, contradictoires, ou, ce qui est bien pis encore, à des résultats erronés, il faut que l'expérimentateur apporte le plus grand scrupule, la plus grande exactitude possible dans l'évaluation des récoltes, et surtout qu'il ne s'en rapporte à personne qu'à lui-même dans toutes ces déterminations. Il faut encore qu'il répète ces essais dans toutes les conditions possibles, pour être à même d'apprécier les plus avantageuses.

Circonscrivons, pour un instant, la question au genre d'essais qui se rapportent plus spécialement à l'objet de nos études actuelles, aux essais sur les engrais.

Quel est l'agriculteur un peu animé de l'amour de son état qui n'a pas fait de nombreuses expériences sur les engrais ?

Et cependant, Messieurs, vous le savez comme moi, mieux que moi, cette question, la plus importante de l'agriculture, n'a tiré qu'un bien mince profit de ces milliers, je pourrais dire, peut-être, de ces millions d'essais sur les engrais de toute nature.

On en a presque toujours accusé uniquement le sol ou les circonstances atmosphériques. On a trop souvent négligé les variations que peuvent éprouver, dans leur constitution, des engrais désignés sous le même nom. Ces variations peuvent tenir à bien des causes ; je vous demanderai la permission d'en passer quelques-unes en revue.

Prenons pour exemple l'engrais que l'on désigne sous le nom de fumier-ferme.

C'est ordinairement, vous le savez, un mélange de fumiers provenant de diverses espèces d'animaux.

Ici une foule de circonstances peuvent causer, dans la composition de l'engrais, des variations plus ou moins notables, parmi lesquelles on peut citer :

1° Les proportions relatives des diverses espèces d'animaux de l'exploitation ;

2° La taille de chacune de ces espèces ;

3° Leur mode d'alimentation ;

4° La nature des litières destinées à recevoir les déjections de ces animaux ;

5° Enfin, avec les mêmes animaux, avec le même mode d'alimentation, avec les mêmes litières, la qualité, la composition du fumier, son efficacité, par conséquent, peuvent éprouver d'assez grandes variations, suivant les soins plus ou moins intelligents que l'on donne à sa conservation.

Nous aurons occasion, bientôt, de revenir en détail sur ces divers points, qu'il m'a suffi de vous signaler pour vous en faire saisir immédiatement l'importance.

Lorsqu'au lieu de fumier de basse-cour on emploie des engrais artificiels, on a bien d'autres causes de variations à craindre ; car, indépendamment de la diversité des modes de préparation des engrais artificiels désignés sous le même nom, ces engrais, du moins le plus grand nombre d'entre eux, s'affaiblissent notablement par une longue conservation en magasin.

Mais la principale cause de variation des engrais artificiels, c'est la falsification qui s'en fait malheureusement sous toutes les formes, au grand préjudice de l'agriculture.

On ne connaît jusqu'à présent qu'un seul moyen de reconnaître ces fraudes : c'est l'analyse chimique de l'engrais.

Il serait grandement à désirer que l'administration du pays prît, à cet égard, des mesures ayant pour but de prévenir et de réprimer de pareils abus, qui sont de véritables vols de confiance.

Un arrêté du préfet de la Loire-Inférieure, en date du 19 mai 1841, a cherché à satisfaire à ce besoin si vivement senti.

Cet arrêté, tout en prenant des mesures pour la répression

de la fraude, s'est attaché à respecter la liberté du commerce, et à réserver aux agriculteurs le droit illimité d'essayer toutes les substances qu'ils jugeront propres à enrichir le sol; par conséquent, il n'a pas cherché à fixer d'une manière absolue les substances qui doivent être considérées comme engrais, mais il n'a pas perdu de vue que les moyens de fraude les plus usités sont : l'altération par des substances de bien moindre valeur, et l'application de noms d'engrais connus à des substances d'un aspect semblable, mais de nature différente.

Voici l'arrêté textuel :

Art. 1er. — « Tout commerçant vendant des matières quelconques non liquides, désignées comme propres à fertiliser la terre, devra inscrire, sur un écriteau placé à la porte de chacun de ses magasins, le nom de l'engrais qu'il débite.

Art. 2. — » Si plusieurs espèces d'engrais sont contenues dans un même magasin, chacune d'elles devra être enfermée dans une case distincte, entièrement séparée des autres, et portant sur un écriteau le nom particulier de l'espèce d'engrais.

Art. 3. — » Si l'engrais mis en vente n'est pas un de ceux qui sont déjà connus dans le commerce sous des noms spéciaux, le débitant pourra donner à sa marchandise tel nom qu'il voudra, excepté les noms déjà adoptés par le commerce; toutefois, ce nom devra être approuvé par l'autorité municipale.

» Il sera refusé, s'il prête à erreur ou à équivoque.

Art. 4. — » Le nom de l'engrais sera écrit sur les enseignes et écriteaux intérieurs sans abréviations, en lettres d'une grandeur uniforme, et de 20 centimètres au moins de hauteur, de manière à être lu facilement et à ne pouvoir être confondu avec aucun autre.

Art. 5. — » Dans la quinzaine qui suivra la promulgation du présent arrêté, tous les marchands d'engrais devront faire, à la mairie du lieu où sont établis leurs dépôts, la déclaration du nom de leurs engrais, et devront établir les enseignes disposées comme il est dit ci-dessus.

Art. 6. — » Aucun marchand d'engrais ne pourra commencer ce commerce, à l'avenir, avant l'accomplissement de ces deux formalités.

Art. 7. — » Aussitôt que le maire aura reçu la déclaration du débitant, il se transportera au dépôt d'engrais, ou enverra un délégué, à l'effet de prendre, sur les tas des diverses qualités qu'aura déclarées le débitant, un échantillon de chaque qualité.

Cet échantillon, du poids de 200 à 250 grammes, sera enfermé dans un papier ou dans une fiole, que le débitant cachettera lui-même, après avoir inscrit sur une étiquette intérieure, signée de lui, le nom donné à l'engrais. Le paquet sera, au besoin, renfermé dans une toile, pour pouvoir être expédié à Nantes, sans danger de rupture.

Art. 8. — » Le chimiste chargé de l'analyse des engrais préviendra, dix jours au moins à l'avance, le marchand d'engrais, du lieu, du jour et de l'heure où sera faite l'analyse de ses échantillons. Cet avis sera transmis, par l'intermédiaire du maire, qui en demandera récépissé au marchand, et nous l'adressera immédiatement. Ce délai de dix jours pourra être abrégé, sur la demande du marchand.

Art. 9. — » Au jour et à l'heure fixés, le chimiste, désigné ci-dessus, rompra le cachet du vase ou du papier qui renferme l'échantillon, en présence du marchand, s'il s'est rendu à l'invitation reçue, ou en son absence, s'il n'a pas jugé devoir se présenter ; l'analyse de l'échantillon sera faite immédiatement, et le résultat en sera consigné sur un registre coté et paraphé par nous.

Art. 10. — » Le résultat de l'analyse sera transmis au maire qui aura envoyé l'échantillon, et restera déposé au secrétariat de la mairie, où il sera communiqué à tous ceux qui désireront en prendre connaissance. Le maire en délivrera copie certifiée au marchand.

Art. 11. — » Si l'échantillon analysé a été désigné par le marchand sous un nom d'engrais déjà connu, et si l'analyse justifie cette dénomination, le marchand sera autorisé à conserver la désignation adoptée.

» Si l'analyse n'est pas d'accord avec cette désignation, le marchand sera tenu de changer le nom qu'il avait donné ; en cas de refus, procès-verbal en sera dressé et nous sera envoyé.

Art. 12. — » MM. les maires sont invités à visiter ou à faire visiter fréquemment les dépôts des marchands d'engrais, pour s'assurer que toutes les dispositions ci-dessus sont exactement observées.

Art. 13. — » Si, dans une de ses visites, un inspecteur d'agriculture, un maire ou son délégué croit reconnaître quelque altération dans la qualité des engrais dont les échantillons ont été fournis et analysés, il devra en prélever immédiatement un nouvel échantillon en présence du marchand ou de ses représentants, et les requérir de cacheter et de signer le papier dans lequel l'échantillon sera enfermé, et sur lequel le nom de l'engrais sera inscrit tel que le porte l'écriteau fixé au-dessus du tas. En cas de refus, le fonctionnaire requérant cachettera et signera lui-même l'enveloppe de l'échantillon ; il dressera procès-verbal de son opération et du refus qu'il aura éprouvé. Le tout nous sera envoyé, et il sera procédé, comme il est dit aux articles 8, 9 et 10 ci-dessus, à l'ouverture du paquet et à l'analyse de la substance contenue.

Art. 14. — » Si le résultat de l'analyse constate une altération notable sur la qualité de l'engrais, comparativement avec la qualité essayée lors de la déclaration du marchand, toutes les pièces seront transmises à M. le procureur du roi, pour obtenir la punition de la fraude.

Art. 15. — » Tout acheteur qui soupçonnera quelque falsification dans la nature de l'engrais mis en vente, aura droit de requérir le marchand de prélever, sur la quantité vendue, un paquet de 200 grammes environ, cacheté et signé par le marchand ou ses représentants, et portant le nom inscrit au-dessus du tas. Ce paquet sera déposé à la mairie pour nous être transmis ; il sera procédé comme il vient d'être dit pour l'examen de la substance suspecte, et pour la répression de la fraude, s'il y a lieu.

Art. 16. — » Si le marchand refuse de signer et de cacheter le paquet contenant l'échantillon, l'acheteur pourra requérir le maire, qui procédera comme il est dit à l'*article 7*.

Art. 17. — » L'acheteur qui aura provoqué l'examen chimique prendra par écrit l'engagement de payer, s'il y a lieu, les frais de l'analyse, sauf recours contre qui de droit ; cet engagement sera joint au paquet cacheté.

Art. 18. — » La plus grande publicité possible sera donnée aux résultats de ces épreuves, et aux jugements des tribunaux qui pourront intervenir.

Art. 19. — » Quiconque vendra des engrais sans avoir rempli les conditions prescrites par les six premiers articles du présent arrêté, sera poursuivi en simple police, en vertu de l'article 474 du Code pénal, et, de plus, traduit en police correctionnelle, s'il a trompé les acheteurs en attribuant faussement à sa marchandise le nom d'un engrais connu dans le commerce.

Art. 20. — » Le présent arrêté sera publié et affiché dans toutes les communes.

» Un exemplaire en placard devra toujours être affiché dans chaque magasin d'engrais. »

On a éprouvé, dans l'application de cet arrêté, des difficultés pratiques de plusieurs genres, et il n'a pas exercé toute l'influence salutaire qu'on s'en était promise.

On a proposé aussi le dépôt obligatoire de ces engrais dans des entrepôts où la livraison s'en ferait sous la surveillance incessante d'agents nommés par l'État. Ce système présente, dans l'état actuel des choses, de si grandes difficultés pratiques, que l'on paraît avoir renoncé à l'idée de le mettre en application.

Un moyen plus simple, qui pourrait sauvegarder à la fois les intérêts du cultivateur et ceux du négociant, nous paraîtrait devoir résulter de l'adoption des mesures suivantes :

1° Création, partout où le besoin s'en ferait sentir, d'experts jurés chargés spécialement et officiellement de l'analyse des engrais ;

2° Elévation du degré de pénalité en matière de fraude commerciale ;

3° Publication d'instructions propres à faire comprendre aux cultivateurs l'utilité de faire prélever, au moment de la livraison d'un engrais, et *sur la quantité livrée*, un échantillon destiné à établir par l'analyse la qualité de l'engrais.

Lorsqu'il s'agit d'une livraison considérable, les frais occasionés par cette analyse n'occasioneront qu'une augmentation de dépense insignifiante ; mais, dans le cas d'une livraison de moyenne importance, et c'est le cas le plus ordinaire, l'acquéreur pourrait hésiter à se mettre en règle, au prix d'un accroissement de dépense.

Il y aurait peut-être un moyen d'économiser les dépenses du consommateur, tout en lui procurant les mêmes avantages : ce serait d'autoriser l'expert juré à recevoir en dépôt, d'une manière authentique, les échantillons d'engrais, pour un temps déterminé, pendant lequel il pourrait être requis d'en faire l'analyse, dans le cas où il y aurait soupçon de fraude.

Le vendeur, placé ainsi sous le coup d'un procès que pourrait lui intenter l'acheteur, si son engrais avait mal réussi, serait ainsi rendu plus circonspect, et l'acheteur, ne se trouvant plus dans l'alternative de négliger la demande de prise d'essai ou de se voir obligé de subir la dépense d'analyse, demanderait beaucoup plus souvent le dépôt d'échantillon, qui pourrait lui servir de titre plus tard, en cas de fraude.

L'agriculture, le commerce loyal et la morale publique gagneraient beaucoup, à ce qu'il nous semble, à l'adoption de pareilles mesures (1).

L'objet spécial de nos conférences de cette année sera l'étude des engrais organiques d'origine animale, considérés d'abord à l'état isolé, comme les urines et les substances excrémentielles solides, le sang, la chair musculaire, etc., etc.; puis considérés à l'état de mélange avec des matières végétales qui leur servent d'excipient, comme les diverses sortes de fumiers, etc.

Je m'attacherai, autant qu'il sera possible, à vous donner les résultats de l'analyse complète de ces divers engrais, parce que je suis convaincu que c'est par une étude comparative, aussi complète que possible, de la composition chimique des engrais et des récoltes qu'ils sont destinés à alimenter, que l'on peut raisonnablement espérer la réalisation de quelques progrès dans cette importante question.

Ce qui donne, à nos yeux, une si grande importance à la connaissance de la composition chimique des engrais, c'est que cette connaissance seule pourra nous conduire à la théorie de leur action, et, par suite, nous permettra de les appliquer plus à propos.

Enfin, cette connaissance, avec les secours des pratiques les mieux étudiées, nous conduira aux moyens les plus rationnels de nous procurer et de conserver ces matières si précieuses, sans lesquelles il n'y a pas d'agriculture possible.

---

(1) Ce système a été habilement développé par MM. de Guernon-Ranville et Abel Vautier, dans la séance de mars 1850, tenue par la Commission des engrais de la Société d'agriculture et de commerce de Caen.

IIᵉ LEÇON.

Excréments liquides de l'homme et des animaux.

Messieurs, les engrais jouent un rôle si important dans l'agriculture, ils exercent une si grande influence sur sa prospérité, qu'on a dû se préoccuper bien souvent des moyens d'en accroître la quantité par de nouvelles substances plus ou moins propres à fertiliser la terre.

Depuis une soixantaine d'années, surtout, la science et le commerce ont offert aux agriculteurs une foule de substances annoncées comme engrais d'une efficacité bien supérieure à celle du fumier vulgaire de nos basses-cours; mais, malheureusement, la plupart de ces engrais nouveaux, les meilleurs surtout, étaient et sont encore trop peu abondants; c'est pourquoi Schwertz, agronome distingué dont l'Allemagne s'honore avec raison, dit avec justesse dans un ses ouvrages :

« Je suppose que vous mettiez en pièces toutes les vieilles friperies, tous les vieux chiffons, que vous réduisiez en poussière tous les sabots, toutes les cornes de vos animaux ; je suppose que vous obligiez toute la population à se raser la face et la tête pour transformer en engrais toute la barbe et tous les cheveux que vous pourrez vous procurer ; combien de millions d'hectares parviendrez-vous à fumer avec de pareilles ressources ? Le meilleur de tous les engrais consistera toujours dans celui qu'on prépare avec les déjections animales. »

Sans doute, ces divers engrais peuvent former l'appoint de nos fumiers de ferme; mais ce n'est pas sur eux que l'agriculture doit fonder sa principale espérance.

Nous avons à pourvoir aux besoins très-variés de nos terres, à leur procurer les éléments qui peuvent leur manquer pour subvenir à la nourriture des récoltes, à compléter ceux qu'elles possèdent en proportions insuffisantes.

Ce n'est que par le choix judicieux des substances qu'on devra leur appliquer, qu'on pourra parvenir à remplir le but que se propose l'agriculture.

Jusqu'à présent, on a marché un peu au hasard, ou, plutôt, l'emploi général des fumiers qui, eux-mêmes, contiennent la plupart des éléments nécessaires à la végétation, a suppléé à l'intelligence des cultivateurs.

En employant, à doses inconnues, un pareil mélange de substances, on avait à courir la chance que la substance ou plutôt les substances réclamées par la terre s'y rencontreraient.

C'est ainsi qu'il arrivait plus d'une fois, dans l'ancienne médecine, qu'on administrait aux malades un mélange d'une foule de médicaments divers, parce qu'on espérait ainsi qu'il s'en trouverait un qui conviendrait à la maladie, et que les organes malades sauraient bien choisir.

Ce qu'il serait bien utile de faire, et ce que la science et la pratique doivent s'efforcer de faire aujourd'hui, ce serait d'ajouter à ces fumiers eux-mêmes les éléments dont ils manquent, et d'y rétablir ces éléments dans des proportions en rapport avec les besoins des terres auxquelles ils sont destinés.

Mais, pour arriver là, il est indispensable de connaître, aussi bien que possible, les principaux éléments qui entrent dans la composition des fumiers, et c'est à acquérir cette connaissance que nous allons d'abord consacrer nos premières études de cette année.

Les fumiers ordinaires s'obtiennent, tout le monde le sait, au moyen des déjections solides et liquides des animaux domestiques; déjections que l'on fait absorber par diverses matières désignées sous le nom de *litières*, et qui sont, en outre, destinées, ainsi que l'indique leur nom, à servir de *lit* aux animaux.

Comme les déjections animales constituent la partie la plus essentielle des fumiers, c'est leur étude qui fixera tout d'abord notre attention.

Les déjections ou excréments des animaux se divisent naturellement en *excréments liquides* ou *urines*, et en *excréments solides*, désignés sous les noms de *bouses*, *crottins*, etc., suivant les animaux qui les fournissent.

DES URINES.

La composition des urines est soumise à d'assez notables causes de variations, parmi lesquelles on doit considérer la nature des substances qui forment l'alimentation habituelle de l'homme ou des animaux.

Ainsi, l'urine des animaux qui se nourrissent habituellement d'herbes (et que, pour cette raison, on désigne sous le nom d'*herbivores*), diffère notablement, par la nature ou par les proportions relatives de quelques-uns de ses principes, de l'urine des *carnivores*, c'est-à-dire, de l'urine des animaux dont la chair forme la nourriture habituelle.

Comme les animaux de nos basses-cours sont presque tous herbivores, c'est sur l'urine des animaux de cette catégorie que nous allons d'abord fixer notre attention.

1° Urine du cheval.

L'une des plus anciennes analyses un peu exactes qui aient été faites de l'urine du cheval, est celle que l'on doit à Fourcroy et à Vauquelin.

Voici les résultats de leur analyse :

Sur mille parties en poids ; sur 1 kilogramme, par exemple :

Eau et matière mucilagineuse.	940g
Matières organiques azotées.	27, 3
Soude combinée avec une partie de ces matières organiques azotées.	3, 7
Matières minérales salines. { Chlorure de potassium	9
Carbonate de chaux. .	11
Carbonate de soude. .	9
Total. . .	1 000g (1)

La proportion d'azote s'y élèverait à environ 4g 7.

M. de Bibra a trouvé, par l'analyse de l'urine de cheval, les résultats suivants :

Eau,	de 885, 4	à	912, 8
Matières organiques.	71, 7	à	47, 2
Matières salines.	43, 2	à	40
	1 000, 0		1 000, 0

---

(1) Voici les résultats textuels obtenus par ces deux habiles chimistes :

Eau et mucilage	940
Urée	7
Chlorure de potassium	9
Hippurate de soude	24
Carbonate de soude	9
Carbonate de chaux	11
	1 000

Enfin, nous devons aussi une analyse des mêmes matières à M. Boussingault. Cet habile chimiste y a trouvé :

Eau 876,1

Matières salines : . . . 45,1 { Ces matières salines étaient composées de sulfates, phosphates, chlorures, carbonates, et contenaient de la potasse, de la soude, de la chaux et de la magnésie.

Matières organiques. . 78,8 { Carbone 44,6
Hydrogène . . . 4,7
Oxygène 14,0
Azote 15,5

En évaporant avec précaution 1,000 parties de cette urine, l'eau seule s'en va, et il reste 124 parties de substance solide, contenant les matières organiques et les matières minérales.

Si l'on évaporait assez d'urine pour obtenir et analyser 1 000^g de ce résidu, on y trouverait :

Matières organiques. . . 636^g { Carbone 360
Hydrogène . . . 38
Oxygène 113
Azote 125

Matières minérales salines. 364
                          -----
                          1 000

Par cette évaporation, on rendrait donc l'urine de cheval huit fois plus riche en matières minérales, et l'on obtiendrait un engrais contenant huit fois plus de ces matières organiques azotées auxquelles on attribue tant d'efficacité comme engrais.

La comparaison des résultats de ces diverses analyses nous montre que la proportion d'eau contenue dans l'urine de cheval est susceptible d'éprouver d'assez notables variations.

Ces variations tiennent principalement au régime auquel est soumis l'animal.

M. Payen n'a trouvé que 790 parties d'eau sur 1 000 parties d'urine d'un cheval soumis au régime sec, et qui buvait très-peu.

Le régime vert, au contraire, a pour effet d'augmenter beaucoup cette proportion d'eau.

M. Boussingault a trouvé dans l'urine d'un cheval nourri au trèfle vert et à l'avoine (1) :

Eau et matières indéterminées.				910g 8
Urée.	31, 0	⎫ Matières organi- ⎫		
Hippurate de potasse. .	4, 7	⎭ ques azotées. . ⎭		35, 7
Lactate de potasse. . .	11, 3	⎫ Matières organi- ⎫		
Id. de soude. . .	8, 8	⎭ ques non azot. ⎭		13, 6
Bicarbonate de potasse. .	15, 5	Mat. minérales.		
Carbonate de chaux. .	10, 8	⎫ Soude, potasse, ⎫		
Carbonate de magnésie..	4, 2	chaux, magné-		
Sulfate de potasse. . .	1, 2	sie, silice; aci-		39, 9
Chlorure de sodium. .	0, 7	des carboni-		
Silice.	1, 0	que, sulfuri-		
Phosphates.	0, 0	⎭ que; chlore. ⎭		
				1 000g 0

Indépendamment du régime alimentaire, l'âge, le travail, l'état de santé et d'embonpoint doivent modifier, d'une manière sensible, la constitution des urines en général.

Je vais essayer de vous faire comprendre, en peu de mots, la possibilité et le sens de ces modifications qui ne sont pas spéciales pour les urines du cheval seulement, mais que l'on pourrait constater également dans l'urine des autres animaux et dans celle de l'homme.

Les matières qui sont données comme aliments aux diverses espèces animales, après avoir subi, dans leurs organes, des transformations plus ou moins compliquées, se partagent en deux parties, dont l'une contribue soit à l'accroissement de l'individu, soit à la compensation des pertes de substances qu'il peut éprouver ; l'autre partie est expulsée au dehors sous la forme d'excréments solides ou liquides, ou sous la forme de sueur.

La principale cause de perte de substance réside dans l'acte de la respiration. Lorsqu'il s'agit d'un animal adulte, c'est-à-dire d'un animal arrivé à son complet développement, si la ration d'aliments surpasse celle qui serait strictement nécessaire pour maintenir les animaux constamment dans le même état, et qu'on appelle pour cette raison leur *ration d'entretien*, une partie plus

---

(1) Ann. de Ch. et de Phys., t. xv, p. 110.

ou moins considérable de matière alimentaire pourra être expulsée parmi les excréments, et en modifier ainsi la composition.

S'il s'agit, au contraire, d'un animal non encore complètement développé, il devra prendre, dans ses aliments, non-seulement sa ration d'entretien, mais encore les matières destinées à son accroissement, celles qui doivent compléter son développement.

Quelques-unes de ces substances, et notamment celles qui contribuent à l'accroissement des os, devront donc se trouver en proportions moindres dans les excréments des jeunes animaux que dans ceux des animaux adultes de la même espèce.

Chez les sujets adultes, on a trouvé, par l'expérience, que les quantités de substances salines évacuées par les excréments sont à peu près celles qui sont absorbées par la nourriture dans le même espace de temps. Par exemple, on a trouvé qu'en vingt-quatre heures, un cheval, avec le régime suivant :

7^k 5 de foin, contenant.	581^g 5	
2, 27 d'avoine, contenant. . . .	76, 9	de matières salines.
Eau, contenant.	13, 1	
	671^g 5	

rendait dans ses déjections :

Par l'urine.	109^g 7	de substances salines.
Par les excréments solides. . .	573, 7	
	683^g 4	

On a trouvé de même qu'une vache laitière adulte, soumise à la ration suivante :

15^k de pommes de terre, contenant	208^g 5	
Foin, contenant.	631, 1	de matières salines.
Boisson, contenant.	50, 0	
	889^g 6	

rendait, par ses déjections, dans le même espace de temps :

Par l'urine.	352^g 7		
Par les bouses. . . .	511, 2	920^g 1	de substances salines.
Par le lait.	56, 2		

2° *Urine de la vache et du bœuf.*

Nous devons nous attendre à retrouver, dans l'urine des animaux de la race bovine, des variations analogues à celles que nous ayons reconnues dans celle du cheval. Ainsi Brandé a trouvé dans l'urine de vache :

Eau. 950
Matières organiques, la plupart azotées. 22
Chlorure de potassium et sel ammoniac. . . . . 15 ⎫
Sulfate de potasse. . . . . 6 ⎬ matières salines. 28
Carbonate de potasse. . . . . 4 ⎪
Id.   de chaux. . . . . . 3 ⎭
                                                    ─────
                                                    1 000

M. Boussingault a trouvé, plus récemment, dans l'urine d'une vache à lait :

Eau. 883, 1
Matières organiques. . 70, 1 ⎧ Carbone. 31, 8
                              ⎨ Hydrogène. 5, 0
                              ⎪ Oxygène. 30, 9
                              ⎩ Azote. 4, 4
Matières salines. . . . 46, 8
                       ─────────
                       1 000, 0

En évaporant assez de cette urine pour en retirer 1 000 parties de matières sèches, le même savant a trouvé dans ces dernières :

400 parties de matières salines ;
                              ⎧ Carbone. 272
600 de matières organiques.   ⎨ Hydrogène. . . . 26
                              ⎪ Oxygène. 264
                              ⎩ Azote. 38

Dans une autre analyse, le même chimiste a trouvé ainsi composée, dans d'autres circonstances, l'urine d'une vache soumise à un régime de pommes de terre et de regain de foin :

Eau et petite quantité de matière indéterminée. . . 921, 3
Matières organiques, la plupart azotées. 45, 9
Matières salines. . . . . . 32, 8 ⎧ Acides carbonique, sulfurique ; silice, chlore, potasse, soude, chaux, magnésie (1).

___

(1) Ann. de Ch. et de Phys., t. xv, p. 106.

Le régime du trèfle vert a diminué sensiblement la proportion de matières organiques azotées.

Sprengel a trouvé, dans l'urine du bœuf :

Eau.	928, 4
Matières organiques diverses, la plupart azotées.	48, 1

Substances minérales.	
2, 5 acide carbonique.	
6, 64 potasse.	
5, 55 soude.	
0, 36 silice.	
0, 04 alumine.	23, 5
0, 65 chaux.	
0, 01 oxyde de manganèse.	
0, 36 magnésie.	
2, 72 chlore.	
4, 03 acide sulfurique.	
0, 70 acide phosphorique.	

                                                1 000, 0

D'après M. de Bibra, l'urine de bœuf contient :

Eau.	912, 0	à	923, 1
Matières organiques.	62, 1	—	48, 9
Matières minérales solubles dans l'eau.	24, 4	—	25, 8
Matières minérales insolubles. .	1, 5	—	2, 2
	1 000, 0		1 000, 0

En analysant l'urine d'un veau de huit jours, M. Braconnot (1) y a trouvé, sur 1 000 parties,

Eau.	993, 8
Matières organiques azotées.	2, 4
Chlorure de potassium.	3, 2
Sulfate de potasse.	0, 4
Phosphate d'ammoniaque et de magnésie. .	0, 2
Oxydes de fer, chaux, silice, sel marin. . .	traces.
	1 000, 0

Le phosphate d'ammoniaque et de magnésie n'a encore été trouvé dans l'urine d'aucun herbivore adulte.

L'urine du jeune veau présente encore cette particularité, qu'elle est acide et rougit nettement le papier bleu de tournesol,

---

(1) Ann. de Ch. et de Phys., t. xx.

tandis que l'urine de vache est alcaline, c'est-à-dire jouit de la propriété inverse de ramener au bleu le papier de tournesol qui a été rougi par un acide. On voit également que cette urine contient beaucoup plus d'eau et moins des autres principes ordinaires des urines des animaux de la même espèce que chez les adultes.

3° *Urine de porc.*

L'urine du cochon domestique a été examinée aussi par plusieurs chimistes. Je me bornerai à citer l'analyse qu'en a faite M. Boussingault, analyse dont les résultats ne diffèrent pas beaucoup de ceux qu'on avait obtenus avant lui.

Il a trouvé, dans 1 000 parties de cette urine :

Eau 979, 1
Matières organiques . . . 5, 0

Matières minérales . . . 15, 9
⎯⎯⎯⎯
1 000, 0

{ Acide carbonique.
— sulfurique.
— phosphorique.
— silice.
Potasse, soude, chaux, magnésie, sel marin (1). }

L'animal était nourri aux pommes de terre cuites dans de l'eau légèrement salée.

J'ai moi-même analysé, il y a quelques années, l'urine d'un porc nourri avec un mélange de son et d'orge concassé, délayé dans le petit lait qui provient de l'égouttage des fromages. J'ai trouvé, sur 1 000 parties :

Eau 984, 2
Matières organiques 4, 9
Matières minérales 10, 9

J'y trouvai, outre les matières salines indiquées par M. Boussingault, un peu de sel ammoniac.

4° *Urine de mouton.*

J'ai trouvé, dans l'urine d'un bélier soumis au régime d'été, buvant peu, et pâturant dans des chaumes de céréales où se

_____
(1) Ann. de Ch. et de Phys., t. xv, p. 103.

trouvaient d'assez nombreux épis fournis de grain, peu de temps avant la monte :

Eau. 894, 3
Matières organiques et sel
  ammoniac. 79, 8
Matières minérales. . . . 25, 9 { Acides carbonique, sulfurique, phosphorique ; chlore assez abondant, potasse, chaux, magnésie, un peu d'oxyde de fer.

5° *Urine de chèvre.*

M. Girardin, dans son excellente brochure sur les fumiers considérés comme engrais, donne les chiffres suivants comme représentant la composition de l'urine de chèvre :

Eau. 982, 0
Matières organiques. 8, 8
Substances minérales. 9, 2
                                      ─────────
                                        1 000, 0

6° Enfin, Vauquelin a reconnu qu'outre l'eau et les matières organiques, l'*urine des lapins* renferme, entre autres substances minérales, des carbonates de chaux et de magnésie, du sulfate de potasse, et du chlorure de potassium.

URINE DES CARNIVORES.

L'urine des carnivores diffère, à plusieurs égards, de celle des herbivores ; et si l'on avait à distinguer, à l'état frais, ces deux sortes d'urines provenant d'animaux adultes et en bon état de santé, on pourrait presque toujours se prononcer avec certitude.

L'urine des carnivores, fraîche, est ordinairement acide, c'est-à-dire capable de rougir une petite bande de papier à lettre colorée en bleu avec de la teinture de tournesol ; celle des herbivores, au contraire, même lorsqu'elle vient d'être rendue, est habituellement alcaline, c'est-à-dire capable de ramener au bleu une petite bande de papier de tournesol rougie par une substance acide.

Nous avons cependant vu que l'urine du veau fait exception à cette règle ; il est possible que l'exception s'étende à la plupart des herbivores pendant leur très-jeune âge.

Les carnivores dont nous sommes susceptibles d'employer l'urine comme engrais sont bien peu nombreux ; car les chiens et les chats ne peuvent, à cause de leur très-petit nombre, nous fournir que des quantités d'engrais insignifiantes.

De tous les carnivores, c'est l'homme qui peut fournir à l'agriculture la quantité d'urine la plus importante.

Vous allez pouvoir juger par vous-mêmes que, d'après sa composition, elle peut nous donner aussi un engrais qu'on a généralement trop négligé jusqu'ici dans notre pays :

Voici, d'après Berzelius, la composition de 1 000 parties d'urine humaine :

Eau.	933, 0 parties
Matières organiques très-riches en azote.	48, 6
Sulfate de potasse.	3, 7
Id. de soude.	3, 2
Phosphate de soude.	2, 9
Biphosphate d'ammoniaque.	1, 7
Sel ammoniac.	1, 5
Sel marin.	4, 4
Phosphates de chaux et de magnésie.	1, 0
	1 000, 0

L'urine humaine contient, en outre, d'après Berzelius, une petite quantité de silice.

En évaporant assez d'urine pour obtenir 1 000 parties de résidu, Berzelius trouva pour la composition de ce résidu :

Matières organiques très-riches en azote.	724, 8 parties
Sulfate de potasse.	55, 4
Id. de soude.	47, 2
Phosphate de soude.	43, 9
Biphosphate d'ammoniaque.	24, 6
Phosphates de chaux et de magnésie.	14, 9
Sel ammoniac.	22, 3
Sel marin.	66, 4
Silice.	0, 5
	1 000, 0

D'après M. A. Becquerel, la quantité moyenne d'urine rendue par l'homme adulte, en vingt-quatre heures, s'élève à 1 267g 3, composée ainsi :

Eau.	1 227g 8
Matières organiques diverses, la plupart azotées, auxquelles il faut ajouter une certaine quantité de sel ammoniac.	29, 8
Matières minérales non volatiles.	9, 7
Total.	1 267g 3

D'après le même physiologiste, la quantité moyenne d'urine rendue par la femme adulte, en vingt-quatre heures, dans des conditions analogues aux précédentes, s'élève à 1 371g7 ; savoir :

Eau.	1 337g5
Matières organiques diverses, la plupart azotées ; plus une petite quantité de sel ammoniac.	25,8
Matières minérales non volatiles.	8,4
Somme égale. . .	1 371g7

Moyenne de l'homme et de la femme adultes : 1 319g8 par vingt-quatre heures et par individu ; savoir :

	Par 24 heures.	Sur 1 000 parties.
Eau.	1 282g6	971,9
Matières organiques. . .	28,1	21,2
Matières minérales. . .	9,1	6,9
	1 319g8	1 000,0

Voici, d'ailleurs, la composition des matières minérales fixes :

	Par 24 heures	Pour 1 000g d'urine.
Chlore.	0g659	0g502
Acide sulfurique. . .	1,123	0,855
Acide phosphorique. . .	0,417	0,317
Potasse.	1,708	1,300
Soude. ⎫		
Chaux. ⎬	5,182	3,945
Magnésie. ⎭		
	9g089	6g919

L'urine de l'homme et celle d'un animal quelconque, à jeun, peuvent être considérées comme à peu près semblables par leur composition chez tous les individus ; ces derniers peuvent être considérés tous comme carnivores, parce qu'ils vivent alors aux dépens de leur propre substance. L'expérience indique effectivement que la différence est peu considérable.

Dans l'état habituel, la quantité d'urine évacuée dans les vingt-quatre heures, ainsi que sa composition, ne peuvent être soumises à une appréciation fixe et générale, parce qu'elles peuvent être modifiées par un très-grand nombre de circonstances.

La sécrétion de l'urine augmente en général, toutes circonstances égales d'ailleurs, quand la transpiration diminue ; tandis qu'elle diminue, au contraire, lorsque la transpiration augmente.

L'urine rendue immédiatement après le repas, est moins riche en substances organiques que celle du matin.

Il résulte de là que, dans les pays chauds, la quantité d'urine émise en vingt-quatre heures est moindre que dans les régions un peu froides, et, par suite, sa composition varie d'une manière notable.

D'après Rayer, le minimum d'urine rendu par un homme adulte en vingt-quatre heures, peut être évalué à environ 656^g, et le maximum à 1 656^g (1).

Résumons, dans un tableau unique, la composition moyenne approximative des diverses sortes d'urines que nous venons d'examiner :

Nature des substances.	Mouton (bélier)	Cheval	Vache Bœuf	Homme	Chèvre	Porc	Veau
Eau	894,3	904,8	913,6	952,4	982,0	981,6	993,8
Matières organiques.	79,8	54,9	55,0	34,9	8,8	5,0	2,1
Substances minérales.	25,9	40,3	31,4	12,7	9,2	13,4	3,8

Toutes ces urines contiennent, outre des proportions assez considérables des substances minérales que nous avons trouvées dans les végétaux, une forte proportion de ces matières organiques azotées auxquelles on attribue, et avec raison, une si puissante action sur la végétation de nos récoltes.

Ces deux circonstances conduisent naturellement à l'idée d'employer directement les urines comme engrais.

Nous étudierons dans la prochaine leçon

1° Les altérations que les urines sont susceptibles d'éprouver lorsqu'on veut les réunir et les conserver;

2° Les divers moyens que l'on a proposés et essayés pour éviter la déperdition de matières utiles qui accompagne ordinairement la décomposition naturelle des urines

3° Enfin, les essais théoriques et pratiques entrepris pour fixer approximativement la valeur des urines comme engrais.

(1) M. Barral a trouvé, par plusieurs séries d'observations faites sur lui-même et sur deux autres personnes (un homme et une femme), 1 278^g 5 comme moyenne de la quantité d'urine émise en vingt-quatre heures dans l'état de santé. Ce nombre ne s'éloigne pas beaucoup de celui que nous citions tout-à-l'heure, d'après M. A. Becquerel.

IIIᵉ LEÇON.

Si l'on se proposait d'employer les urines comme engrais, leur emploi immédiat, au fur et à mesure de leur production, présenterait, en général, d'assez grands embarras pratiques.

La première idée qui a dû se présenter aux agriculteurs qui se sont proposé de les consacrer à cet usage, ce fut de les emmagasiner, de les conserver dans des réservoirs pendant un temps plus ou moins long, jusqu'au moment de leur emploi.

Lorsqu'on cherche à conserver ainsi de l'urine en petite quantité dans un vase neuf, ou tout au moins dans un état de parfaite propreté, elle peut y rester une quinzaine de jours sans éprouver d'altération bien notable ; mais, passé ce temps, et surtout si la masse d'urine est un peu considérable, celle-ci éprouve une altération qui devient de plus en plus profonde, se trouble, laisse déposer au fond du réservoir une matière pulvérulente ou grenue jaunâtre, et donne lieu à un dégagement de matières volatiles d'une odeur forte, plus ou moins fétide, et piquante.

Lorsque le réservoir contient une quantité, même très-minime, de ce dépôt jaunâtre qui se sépare de l'urine putréfiée, le contact de ce dépôt hâte singulièrement la décomposition de nouvelles quantités d'urine fraîche. Comme c'est le cas le plus habituel, nous pouvons donc poser en fait que c'est à peine si les urines peuvent se conserver vingt-quatre heures sans éprouver, dans leur constitution, une altération profonde.

Cette altération est une espèce de *fermentation* qui n'est pas sans analogie avec celle qui transforme en vin, cidre, bière, etc., le jus du raisin et celui de la pomme, ainsi que l'amidon modifié de l'orge germé des brasseurs. Il y a cette différence qu'au lieu d'esprit de vin (alcool), nous obtenons ici, pour principal produit, du *carbonate d'ammoniaque*. C'est plus particulièrement à la présence de cette substance que l'urine putréfiée doit l'odeur piquante que nous avons signalée tout-à-l'heure.

Ce carbonate d'ammoniaque est très-volatil, même à la température ordinaire, et c'est cette grande volatilité qui le rend si odorant.

Comme il contient près du quart de son poids d'azote, il peut être considéré comme une des substances dont la conservation importe le plus à l'agriculture.

Tous nos efforts doivent donc tendre à prévenir et à diminuer, autant que possible, la volatilisation du carbonate d'ammoniaque qui se produit en si grande abondance pendant la décomposition des urines que nous destinons à l'engrais de nos champs.

Nous n'avons pas à nous préoccuper des substances minérales qu'elles contiennent, parce que ces substances ne sont pas susceptibles d'éprouver les mêmes effets de déperdition.

L'analyse prouve que chaque kilogramme d'ammoniaque qui se perd contient autant d'azote que 60 kilogrammes de froment, et que la perte de 60 kilogrammes d'urine équivaut moyennement à celle d'un kilogramme d'ammoniaque ; nous sommes ainsi conduits à cette conséquence que la perte d'un kilogramme d'urine correspond à celle d'un kilogramme de froment.

Aussi a-t-on multiplié les tentatives pour transformer économiquement le carbonate d'ammoniaque des urines en d'autres sels ammoniacaux peu volatils, et par cela même d'une conservation beaucoup plus facile.

1° On a proposé d'ajouter aux urines de l'*acide chlorhydrique* (acide *muriatique*, *esprit de sel*). Cette addition a pour effet de *transformer le carbonate d'ammoniaque en sel ammoniac* ordinaire (chlorhydrate d'ammoniaque), peu volatil.

2° On a proposé également d'ajouter aux urines de l'*acide sulfurique* (*huile de vitriol*), qui transforme le carbonate d'ammoniaque en *sulfate d'ammoniaque*.

3° Le *sulfate de soude* a été proposé pour le même objet ; il se forme alors du *sulfate d'ammoniaque* et du carbonate de soude.

4° Le *sulfate de fer* (couperose verte) remplirait encore le même but plus économiquement ; il se forme alors du sulfate d'ammoniaque et du carbonate de fer.

5° L'addition du *plâtre* ou *sulfate de chaux* donne lieu, par une transformation semblable, à du *sulfate d'ammoniaque* et à du *carbonate de chaux* (1).

---

(1) L'engrais connu sous le nom d'*urate* n'est autre chose que de l'urine traitée par le plâtre et amenée à l'état solide. On l'obtient en ajoutant 16 à 17 kil. de plâtre à chaque hectolitre d'urine ; on brasse, on laisse reposer, puis on sépare la partie liquide que l'on rejette de la partie solide que l'on sèche et qu'on écrase ensuite pour l'employer comme engrais.

6° Enfin, on peut encore utiliser, pour le même usage, le mélange de *muriate* et de *phosphate acide de chaux*, que l'on trouve comme résidu dans les fabriques de colle-forte; le mélange de ces substances avec l'urine y détermine la formation de sel ammoniac et de phosphate d'ammoniaque, en même temps qu'il se produit du carbonate de chaux.

La dose à employer de chacune de ces substances n'a pas besoin d'être bien considérable.

Il suffit d'ajouter à chaque hectolitre d'urine :
  40 à 50 grammes de plâtre ;
  40 à 50 grammes de sulfate de soude ;
  35 à 40 grammes de sulfate de fer (couperose) ;
  30 à 40 grammes d'acide muriatique (chlorhydrique) ;
  12 à 15 grammes d'acide sulfurique.

On verse, dans la fosse ou réservoir à urine, les deux dernières substances en nature; la deuxième et la troisième, après les avoir fait fondre dans un peu d'eau ; et la première en poudre fine. On agite vivement après le mélange ; dans le cas du plâtre, on doit agiter plusieurs fois. Les cultivateurs éprouveront toujours quelque répugnance à se servir de l'acide chlorhydrique et de l'acide sulfurique, parce que ces deux substances sont liquides et très-corrosives.

D'ailleurs, leur emploi n'est pas plus économique que celui du sulfate de fer, qui est beaucoup plus maniable.

On peut mettre d'avance, dans le réservoir, un excès de la substance conservatrice; elle exercera son action sur les urines au fur et à mesure de leur arrivée dans la fosse (1).

7°. On a cherché aussi à mettre à profit, dans cette circonstance, la curieuse propriété que possède le *charbon* d'absorber en proportions considérables l'ammoniaque et le carbonate d'ammoniaque, pour éviter la déperdition de ces dernières substances pendant la décomposition des urines.

Ainsi, M. le docteur *Dudezert* a pu faire absorber, pendant deux mois, par 60 hectolitres de braise, l'urine de sept personnes, en ayant soin de faire recouper le tas de temps en temps, sans que la braise ait donné lieu à un dégagement bien prononcé de gaz ammoniacaux.

---

(1) Nous reviendrons, plus tard, sur la construction de ces fosses ou citernes, lorsque nous nous occuperons de la conservation des fumiers.

La braise jouit encore ici de l'avantage de faciliter, par une très-grande surface d'évaporation, le dégagement d'une grande quantité d'eau, et, par suite, de diminuer d'autant les frais de transport de la matière utile de cette espèce d'engrais.

On pourrait remplacer la braise par de la tourbe carbonisée, ou, tout simplement, par du poussier de tourbe desséché au soleil.

8° On pourrait peut-être reprocher à ce procédé l'inconvénient d'un volume trop considérable.

On peut y remédier en faisant intervenir, simultanément, *l'action des matières charbonneuses et celle du sulfate de fer*. Ainsi, en mélangeant à du poussier de tourbe desséché 1 ou 2 p. % de sulfate de fer en poudre, on obtient un mélange qui peut absorber d'énormes quantités d'urines sans laisser dégager de produits ammoniacaux.

Lorsqu'on se propose en même temps de faciliter l'évaporation de l'eau, il est important que la quantité de mélange absorbant soit assez considérable pour *que la masse ne soit jamais noyée* par le liquide, parce qu'alors la surface d'évaporation serait énormément amoindrie, et l'évaporation elle-même considérablement ralentie.

Pendant le traitement que l'on fait subir aux vidanges des fosses d'aisances de certaines grandes villes pour les transformer en *poudrettes*, on perd habituellement des masses considérables d'urines, et par suite une très-grande quantité de sels ammoniacaux.

On a cherché, dans l'industrie, à tirer parti de ces sels, et à les extraire des urines perdues qui les renferment. Pour cela, on les traite par la chaux, qui en expulse l'ammoniaque. On reçoit celle-ci dans de l'acide sulfurique de rebut ; on obtient ainsi du sulfate d'ammoniaque, qui trouve dans le commerce un placement avantageux.

L'addition de la chaux dans les urines y détermine, en outre, la formation d'un dépôt riche en phosphates, et qui peut être considéré encore comme un excellent engrais.

Ce dépôt, qui contient 2 % d'azote, d'après MM. Moridé et Bobière, est ainsi composé. — Sur 100 parties :

Chaux 40,96
Magnésie 1,32
Acide phosphorique 40,18
Matières organiques et perte . . . 17,54
                              Total   100,00

M. Boussingault a proposé, il y a quelques années, un moyen de recueillir à la fois les phosphates de l'urine et une grande partie de l'ammoniaque qui se développe pendant sa putréfaction.

Ce moyen consiste dans l'addition d'*un sel de magnésie*, préalablement dissous dans une petite quantité d'eau pour faciliter le mélange. On agite après cette addition; au bout de quatre ou cinq jours, l'urine devient laiteuse, et, à partir de ce moment, le dépôt de *phosphate d'ammoniaque et de magnésie* augmente rapidement; il est terminé au bout d'un mois au plus. On fait écouler la partie liquide dans un réservoir situé en contrebas du premier, pour la séparer du dépôt que l'on recueille ensuite facilement. Ce dépôt s'élève à environ 7 pour 1 000 du poids de l'urine ainsi traitée.

La présence d'un sel de magnésie diminue beaucoup l'odeur infecte que dégage l'urine en se putréfiant; mais la désinfection est peut-être moins complète que par l'emploi combiné des matières charbonneuses et du sulfate de fer.

Le procédé qui vient d'être indiqué donne un engrais auquel on a reconnu, dans ces dernières années, une très-grande efficacité, et dont le transport est économique à cause de son très-petit volume.

Ce procédé peut avoir son avantage dans les établissements où il se produit journellement beaucoup d'urines, dont le transport en nature serait trop dispendieux; mais toutes les fois que de pareils établissements, prisons, casernes, etc., seront situés dans le voisinage d'exploitations agricoles, et que la question de transport ne sera plus qu'une affaire secondaire, il sera encore préférable d'employer les urines à l'état liquide, en nature, ou transformées par l'un des moyens que nous avions indiqués précédemment (1).

EMPLOI DES URINES COMME ENGRAIS.

Si nous jugions de l'efficacité d'un engrais uniquement d'après sa richesse en azote, nous pourrions, d'après les données fournies par les analyses de MM. Boussingault et Payen, dresser

---

(1) M. Braconnot, de Nancy, proposa, en 1845, pour la conservation des urines et leur transformation, l'emploi d'un mélange d'os calcinés ou d'écailles d'huîtres pilées et d'acide sulfurique.

le tableau suivant, en prenant pour terme de comparaison le fumier de ferme analysé par M. Boussingault, fumier dans lequel on a trouvé en moyenne 4ᵍ,4 d'azote sur 1 000ᵍ ou 1 kilog. de matière à l'état frais, c'est-à-dire tel qu'on le conduit dans les terres. Nous désignerons constamment, par la suite, ce fumier sous le nom de *fumier normal*.

NATURE des substances.	QUANTITÉ d'azote contenue dans 1 000 parties de matières	QUANTITÉS de matières équivalentes.
Fumier normal.	4, 1	100, 0
Urine de vache, liquide. . .	4, 4	93, 2
Matière sèche provenant de l'évaporation de l'urine précédente.	38, 0	10, 8
Urine de cheval, liquide. . . (1)	15, 5	26, 5
Autre urine de cheval. . . (2)	20, 4	20, 1
Autre id. id. . . . (3)	26, 1	15, 7
Matière sèche provenant de l'évaporation de l'urine n° 1. . .	125, 0	3, 3
Matière sèche provenant de l'évaporation de l'urine n° 3. . .	153, 0	2, 7
Urine d'homme fermentée, douée d'une réaction ammoniacale très prononcée.	7, 2	56, 9
Matière sèche provenant de l'évaporation de l'urine précédente	231, 1	1, 77
Matière sèche provenant de l'urine des pissoirs publics de Paris.	175, 6	2, 3

Ce tableau, pour être complété, demanderait encore quelques nouvelles recherches, qui ne se feront sans doute pas attendre long-temps.

Au lieu de classer les urines d'après leur richesse en azote, nous pourrions les classer d'après leur richesse en substances minérales ou en matières organiques, ou d'après la proportion de matières solides qu'on en retire lorsqu'on en chasse l'eau par évaporation. Ces divers points de vue peuvent avoir leur importance dans l'application de quelques-uns des procédés mis en pratique pour la conservation, soit des urines elles-mêmes, soit des principes que l'on regarde comme les plus utiles comme engrais.

Urines classées d'après leur richesse en

Matières solides.	Matières organiques.	Matières minérales.
Urine de mouton,	de mouton,	de cheval.
— de cheval,	de vache ou bœuf,	de vache ou bœuf.
— de vache ou bœuf,	de cheval,	de mouton.
— d'homme,	d'homme,	de porc.
— de porc,	de chèvre,	d'homme.
— de chèvre,	de porc,	de chèvre.
— de veau,	de veau,	de veau.

Leur richesse en azote les classerait dans l'ordre suivant :

Urine de cheval,
— d'homme,
— de vache,
— de porc,
— de veau.

Si nous nous en rapportions aux données numériques contenues dans la dernière colonne du tableau qui précède, l'urine de cheval équivaudrait à cinq ou six fois son poids de fumier ordinaire ; l'urine humaine, à près de deux fois son poids seulement ; et l'urine de vache serait un peu supérieure en valeur, comme engrais, à son poids de ce même fumier.

Les résultats pratiques ne sont pas encore assez nombreux ni assez variés pour décider si cette évaluation théorique s'éloigne de la vérité.

On peut évaluer moyennement à environ 3 000 kilogrammes la quantité d'urine fournie, dans une année, par une vache. Cette quantité d'urine pourrait fumer 15 à 20 ares de terrain.

Un cheval fournit au moins 2 litres d'urine par jour ; soit plus de 700 kilogrammes par an. En admettant seulement que son pouvoir fertilisant soit double de celui de l'urine de vache, nous arrivons à ce résultat qu'un cheval doit pouvoir fumer, par son urine, de 7 à 10 ares au moins.

Dans la fumure connue sous le nom de parcage, un mouton fume environ 1,5 mètre carré, ou 1 centiare 1/2 par jour, par ses excréments solides et liquides. En admettant, ce qui ne doit être bien éloigné de la vérité, que l'urine entre pour moitié dans la fumure, on arrive à ce résultat, qu'un mouton, par son urine seulement, engraisse plus d'un are, pendant la campagne d'environ cinq mois que dure le parcage, dans la région centrale de la France.

La quantité d'urine rendue annuellement par un homme peut être évaluée à 3 ou 400 kilogrammes au moins. (Elle s'élèverait à 467 kilogrammes, d'après M. A. Becquerel.) Cette quantité d'urine pourrait suffire pour la fumure d'environ 2 ares de terrain.

La population d'une ville de 40,000 ames fournirait donc ainsi assez d'urines pour fumer, dans une année, environ 800 hectares de terrain. Nous réduirons même, si l'on veut, ce chiffre à 500 hectares.

Il ne faut plus s'étonner, en présence de ces chiffres, de voir recueillir avec tant de soin, dans les pays où la science des engrais est assez avancée, les urines de toute espèce et le jus des fumiers qui en sont imprégnés.

Comment ne pas déplorer, au contraire, la négligence de ceux qui laissent se perdre de tous côtés un engrais si abondant et si précieux, perte qui s'élève certainement à plusieurs millions dans toute l'étendue de la France ?

Nous nous trouvons heureux encore, lorsque cette matière, que l'on devrait recueillir avec tant de soin, se perd dans nos fleuves ou dans nos rivières, et qu'elle n'est pas pour nous une cause permanente d'infection et d'insalubrité.

S'il était possible d'évaporer *économiquement* les urines, en les empêchant de se putréfier pendant l'opération, ou tout au moins en évitant la déperdition des produits de cette putréfaction, on obtiendrait l'engrais le plus énergique, transportable à de grandes distances à cause de son petit volume. Sous ce rapport, l'emploi combiné des substances charbonneuses pulvérulentes et du sulfate de fer, dans les urinoirs des grandes villes, est appelé à rendre de grands services, parce que l'engrais qu'il donne avec les urines est pulvérulent et d'un épandage très-facile.

Nous manquons, jusqu'ici, d'essais suffisamment nombreux pour établir, d'une manière satisfaisante, la dose à laquelle il convient de l'employer.

Le *lizier*, si fréquemment employé par les agriculteurs de la Suisse, n'est autre chose qu'un mélange d'urines diverses qui s'écoule des fumiers, et que l'on reçoit dans des citernes convenablement disposées. On lui donne aussi le nom de *purin*, dans ceux de nos départements qui font usage de cet engrais.

Cet engrais liquide, sous quelque nom qu'on le désigne, *urine*, *lizier*, *purin*, ne doit pas être employé à l'état de pureté, surtout s'il est de bonne qualité, sur des prairies ou des récoltes en herbe, parce que le carbonate d'ammoniaque qui s'en dégage, agissant alors à trop haute dose sur les feuilles et sur les jeunes pousses, les corrode, les désorganise, et pourrait faire périr les plantes.

On évite cet inconvénient, en ajoutant préalablement à l'engrais quatre fois son volume d'eau commune. Cet engrais s'emploie surtout, avec avantage, sur les prairies naturelles ou artificielles, au printemps.

L'épandage s'en fait, sans difficulté, au moyen d'une petite charrette portant un grand tonneau muni, à son fond d'arrière, d'une auge ou d'un gros tube percé de trous comme les tonneaux-arrosoirs dont on fait usage, en été, dans la plupart des grandes villes, pour l'arrosage des promenades publiques.

La dose varie depuis 100 jusqu'à 300 ou même 400 hectolitres par hectare, suivant la richesse de l'engrais, suivant la nature des prairies, et suivant la richesse des sols sur lesquels on l'emploie, lorsqu'il s'agit de récoltes ordinaires.

On s'est bien trouvé de l'emploi de cet engrais, combiné avec un plâtrage préalable à dose modérée, sur des trèfles, luzernes ou sainfoins dont la végétation était languissante, ou qui se trouvaient un peu clair-semés.

Les laitues et les choux acquièrent, sous l'influence de cet engrais, des dimensions presque fabuleuses.

L'expérience a prouvé également que son emploi est plus avantageux par un temps pluvieux que par un temps sec, surtout lorsque la température est élevée. C'est que, dans ce dernier cas, la production et le dégagement du carbonate d'ammoniaque sont beaucoup plus rapides, et l'action de cette dernière substance peut alors devenir trop énergique et, par suite, nuisible à la végétation ; ajoutons à ce désavantage celui d'une déperdition plus considérable dans l'atmosphère.

Cet inconvénient est beaucoup moins à redouter, lorsqu'au lieu d'employer les urines en nature, on les transforme par l'un des nombreux procédés qui ont été indiqués précédemment. Lorsqu'on a fait intervenir le charbon surtout, les produits ammoniacaux volatils, retenus par les particules de charbon, se dégagent avec beaucoup plus de difficulté, plus lentement, et, par suite, leur action peut être plus complète, plus efficace. Lorsqu'on a ajouté aux urines des acides, ou des sulfates, les nouveaux sels ammoniacaux qui se sont formés se décomposent avec plus de lenteur, et l'on évite encore les causes de perte que je signalais tout-à-l'heure.

Au lieu d'employer les urines sur les prairies ou sur les récoltes vertes, on peut les employer sur les guérets, avant le dernier labour qui précède ou qui accompagne l'ensemencement. Il n'est pas nécessaire alors d'affaiblir l'engrais par une addition d'eau; il en résulte une grande économie dans les frais de transport et d'épandage.

Mais lorsqu'on emploie les urines de cette manière, il faut encore éviter les pertes considérables que nous signalions il n'y a qu'un instant. On les évite, en partie, en labourant le plus tôt possible après l'épandage; la décomposition se fait alors avec moins de rapidité, et les produits volatils qui proviennent de cette décomposition sont en grande partie absorbés et tenus comme en réserve par la couche de terre qui recouvre l'engrais.

Le docteur *Sacc* a proposé la recette suivante, pour la préparation d'une espèce d'urine artificielle, ou mieux, pour la préparation d'un engrais propre à remplacer les urines des fosses à lizier ou à purin :

Eau.	970
Phosphate de soude. . .	25
Sulfate d'ammoniaque. . .	5

Plusieurs agronomes ont fait aux engrais dont nous nous occupons divers reproches, dont voici les deux principaux :

1° En surexcitant la végétation, leur emploi, trop long-temps continué, doit déterminer assez rapidement l'appauvrissement des sols riches en humus, et l'épuisement des sols qui contiennent peu de matières organiques.

2° Lorsque cet engrais est employé, à l'exclusion de tout autre, pour la culture des céréales, et en général des plantes dont la cendre est riche en silice, celles-ci doivent verser, parce que l'engrais qu'on leur fournit ne contient qu'une quantité très-faible de silice, l'un des éléments nécessaires à leur constitution, et dont le principal effet paraît être de donner à la tige de ces plantes la rigidité en vertu de laquelle elles se tiennent debout.

L'expérience nous apprend que ces reproches ne sont pas dénués de fondement ; mais il est un moyen sûr d'éviter ces inconvénients ; c'est de combiner l'emploi des urines avec celui des fumiers ordinaires, de telle sorte qu'une fumure complète se compose de deux fractions de fumures pratiquées successivement avec chacun des deux engrais.

Par exemple, on peut donner une demi-fumure avec le fumier ordinaire, et une demi-fumure avec l'engrais-urine.

Lorsqu'il s'agit d'autres récoltes que des céréales ou des plantes riches en silice, les inconvénients que nous venons de signaler n'existent plus au même degré. C'est ce qui arrive pour les plantes oléagineuses et pour les récoltes-racines ; mais on a remarqué, pour les dernières en particulier, que l'emploi exclusif de cet engrais leur fait souvent contracter une saveur désagréable, due sans doute à la présence d'une trop forte proportion de sels ammoniacaux.

Des reproches analogues à ceux que nous venons de rappeler peuvent s'adresser à la généralité des engrais dits *artificiels* ou *incomplets*, parce qu'ils ne contiennent pas, comme le bon fumier, l'ensemble des matières propres à subvenir à l'alimentation de toutes sortes de récoltes.

IV⁰ LEÇON.

Les avantages des engrais liquides, dont l'étude nous a occupé dans les deux précédentes leçons, proviennent de l'économie de litière, économie dont on fait grand cas dans les pays où la paille est rare, et où l'on veut la réserver pour la vente directe ou pour la nourriture des bestiaux.

Outre les inconvénients que nous avons déjà signalés comme résultant ou devant résulter de leur emploi exclusif, nous pouvons ajouter les dépenses nécessaires pour la construction des citernes ou réservoirs, et la sujétion habituelle d'enlever, à époque fixe, et sans pouvoir s'en dispenser, les liziers ou purins déjà faits pour rendre libres les citernes qui doivent recevoir les nouveaux engrais liquides.

Examinons maintenant la partie solide des déjections fournies par l'homme et par les principales espèces d'animaux domestiques, en laissant de côté les oiseaux, sur les excréments desquels nous reviendrons un peu plus tard.

Zierl a trouvé, dans les *excréments solides du cheval*, sur 1 000 parties en poids :

Eau et perte . . . . de 679 à 698
Résidus d'aliments. . . . . de 140 à 202
Matières organiques diverses et
  substances salines. . . . de 181 à 100

D'après M. Girardin, 1 000 parties de crottin de cheval frais contiennent :

Eau 785, 6
Matières organiques 191, 0 { Matières solubles dans l'eau. 43, 4
                             Id.   id.   dans l'alcool. 26, 0
                             Fibre ligneuse. 121, 6
Matières minérales . . . 25, 4 { Phosphates de chaux, de magnésie ; carbonate de chaux, silice, sel marin, silicate de potasse.
                    ―――――
                    1 000, 0

M. Boussingault a trouvé :

Eau	753, 1	
Matières organiques diverses	206, 7	Carbone. . 95, 6 / Hydrogène. . 12, 6 / Oxygène. . 93, 1 / Azote. . . 5, 4
Matières minérales	40, 2	
	1000, 0	

En supposant la matière complètement sèche et privée d'eau, on lui trouverait la composition suivante :

Matières organiques	837	Carbone. . 387 / Hydrogène. . 51 / Oxygène. . 377 / Azote. . . 22
Matières minérales	163	
	1000	

Macaire et Marcet y ont trouvé :

Matières organiques	750	Carbone. . 386 / Hydrogène. . 66 / Oxygène. . 290 / Azote. . . 8
Substances minérales	250	
	1000	

Jackson a trouvé, pour la composition des substances minérales contenues dans le crottin de cheval, sur 1000 parties :

Phosphate de chaux	50
Phosphate de magnésie	362, 5
Carbonate de chaux	187, 5
Silice	400, 0

La comparaison de ces substances avec celles que nous avons trouvées dans les urines, nous conduit à penser que les substances minérales contenues dans les aliments, après avoir satisfait aux besoins de la nutrition, se divisent en deux parties : les plus solubles sont plus particulièrement expulsées par les urines ; les moins solubles, au contraire, se retrouvent habituellement dans les déjections solides.

Excréments solides de la vache.

Divers chimistes nous ont donné des analyses des *bouses* de vache. Voici quelques-uns des principaux résultats. — Sur 1 000 parties, M. Morin a trouvé :

Eau et perte.	693, 2	
Matières organiques. . .	292, 3	{ Matières organiques non azotées. . . . 269, 3 Matières organiques azotées. . . . 23
Matières minérales. .	14, 5	
	1 000, 0	

D'après M. Girardin, 1 000 parties de bouses de vache renferment :

Eau.	797, 2	
Matières organiques. .	160, 5	{ Matières organiques solubles dans l'eau 53, 4 Matières organiques solubles dans l'alcool. . . . 20, 0 Fibre ligneuse. . . 87, 1
Matières minérales. .	42, 3	{ Phosphate de chaux, phosphate de magnésie, carbonate de chaux, sel marin, silice, silicate de potasse.
	1 000, 0	

Enfin, M. Boussingault a trouvé dans 1 000 parties d'excréments solides d'une vache laitière :

Eau.	905, 0	
Matières organiques. .	82, 7	{ Carbone. . . . 40, 2 Hydrogène. . 4, 9 Oxygène. . 35, 4 Azote. . . 2, 2
Substances minérales.	12, 3	
	1 000, 0	

Les mêmes matières, desséchées, ont fourni au même chimiste :

Matières organiques, 880 contenant :		Carbone. . . . . 428 Hydrogène. . . . 52 Oxygène. . . . 377 Azote. 23
Substances salines	120	
	1 000	

Haidlen a trouvé, pour la composition de la partie minérale des bouses de vache :

Phosphate de chaux	119
Phosphate de magnésie	100
Phosphate de fer	85
Carbonate de chaux	26
Sulfate de chaux	31
Silice	637
Chlorure de potassium	trace
Matières non déterminées, perte	2
	1 000

Excréments solides du mouton.

M. Girardin nous indique, pour la composition de cet engrais, les résultats suivants. — Sur 1 000 parties :

Eau. 687, 4

Matières organiques, 234, 6
- Matières organiques solubles dans l'eau 41, 0
- Matières organiques solubles dans l'alcool. 28, 0
- Fibre ligneuse. . . . 162, 6

Substances minérales, 84, 3 formées de Phosphate de chaux, phosphate de magnésie, carbonate de chaux, silice, sel marin, silicate de potasse.

Excréments solides du porc.

D'après M. Girardin, voici la composition de cet engrais, à l'état frais. — Sur 1 000 parties :

Eau. 750, 0
Matières organiques. . . 201, 5
Substances minérales . 48, 5 — Contenant à peu près les mêmes substances que celui de la vache et du mouton, mais en proportions notablement différentes.

Partie solide des déjections humaines.

Berzélius a trouvé, dans 1 000 parties de matière fécale humaine fraîche :

Eau.	733
Débris d'aliments.	70
Matières organiques solubles dans l'eau	45
Matières organiques insolubles. . .	140
Substances minérales salines. . . .	12

L'analyse de 1 000 parties de ces dernières substances minérales lui a donné les résultats suivants :

Carbonate de soude.	294
Chlorure de sodium (sel marin). . .	235
Sulfate de soude.	118
Phosphate de chaux.	235
Phosphate d'ammoniaque et de magnésie.	118
Silice, sulfate de chaux.	traces.
	1 000

En brûlant 1 000 parties d'excréments humains solides desséchés, Berzélius en a retiré 150 parties de cendres, contenant 16 parties de silice.

Ce dernier résultat paraît d'abord en contradiction avec le précédent ; mais la contradiction n'est qu'apparente, parce que les cendres qui ont fourni cette silice contenaient non-seulement les 12 parties de substances minérales salines mentionnées à la fin de la première analyse, mais encore celles qui se trouvaient contenues dans les débris d'aliments non digérés complètement.

Ce résultat semble indiquer que la partie de nos aliments que nous digérons le plus difficilement est la partie la plus riche en silice.

M. Barral a trouvé, pour la composition de la matière fécale fraîche :

Eau.	759
Matières organiques.	201
Substances minérales.	40
	1 000

Les différences, quelquefois assez considérables, que nous avons eu occasion de remarquer dans la composition assignée par divers chimistes à l'urine d'animaux de la même espèce, nous les retrouvons encore dans la composition assignée à leurs excréments solides. Cette différence vient toujours des mêmes causes, dont le régime alimentaire est une des principales. Darcet rapporte à ce sujet un fait curieux, bien propre à mettre en évidence cette influence de la nature et de l'abondance des aliments sur la qualité des déjections animales comme engrais.

Un agriculteur, des environs de Paris, avait acheté, pour les appliquer à ses cultures, les matières fécales de l'un des restaurateurs les plus en vogue du Palais-Royal. Encouragé par le succès qu'il obtint de l'emploi de cet engrais, et désireux d'en étendre l'application, il se rendit adjudicataire des vidanges de plusieurs casernes de Paris.

L'engrais provenant de sa nouvelle acquisition produisit beaucoup moins d'effet que celui qu'il en attendait, et le constitua en perte.

La raison de cette déception est toute simple : les repas des soldats étaient bien loin d'être aussi succulents et aussi abondants que ceux que l'on faisait chez ce restaurateur à la mode.

La richesse et le peu de volume des engrais qui proviennent des déjections animales solides donnent une grande importance à toutes les questions qui se rattachent à leur conservation : aussi avons-nous vu se produire, depuis une vingtaine d'années surtout, une foule de tentatives ayant pour but d'empêcher ou, du moins, de diminuer le plus possible la déperdition des éléments fertilisants de ces sortes d'engrais, surtout de ceux qui proviennent de l'homme, parce que ce sont les plus riches et ceux qu'on avait le plus négligés.

On ne s'est guère occupé, jusqu'à présent, de la conservation des déjections solides des animaux, parce qu'en général leur emploi à l'état isolé ne se fait guère que sur une échelle assez restreinte.

Lorsqu'on a voulu conserver à part les bouses de vache ou le crottin de cheval, on a presque toujours mis ces engrais en tas, abandonnés à l'air et au soleil, sous l'influence desquels ils perdent la majeure partie des sels ammoniacaux qui s'y trouvent tout formés ou qui s'y développent pendant la fermentation ; les principes utiles qui échappent à la volatilisation sont entraînés par les pluies, et il ne reste, en dernier lieu, qu'un engrais de médiocre valeur.

On éviterait presque complètement cette perte, en tassant fortement ces matières dans des fosses, en répandant à la surface quelques poignées de plâtre en poudre ou de sulfate de fer (couperose verte), et en recouvrant le tout d'une couche de terre battue, dont l'inclinaison permette l'écoulement des eaux pluviales. Ces dispositions bien simples sont faciles à réaliser sans beaucoup de frais, même par les personnes peu aisées qui ramassent cet engrais sur les routes. L'accroissement qui en résultera dans la qualité et la quantité de l'engrais, les indemnisera largement du temps qu'ils auront consacré à ces dispositions.

Il n'est pas habituel, dans nos départements septentrionaux, de recueillir à part les excréments solides des moutons ; mais, dans les départements du Midi, cela se pratique assez souvent. On fait alors ordinairement coucher les animaux sur un lit de terre, qui s'imprègne de leurs urines ; le crottin reste à la surface : on le ramasse avec des râteaux à dents serrées ou avec des balais. La couche de terre, assez souvent renouvelée, constitue elle-même un engrais excellent. Le crottin, conservé à part, est vendu à la mesure, pour être répandu à la volée.

Les observations que nous venons de faire sur la conservation des bouses de vache et du crottin de cheval, sont applicables à la conservation du crottin de chèvre ou de mouton.

La conservation des excréments de l'homme constitue un objet d'étude plus important, parce qu'il s'y rattache des considérations de salubrité publique et privée, et parce que leur emploi pour la confection de fumiers à la manière ordinaire présenterait souvent des difficultés.

Les matières fécales fermentent avec assez de facilité ; il s'en dégage alors des proportions très-notables de carbonate d'ammoniaque, perte pour l'agriculture, cause d'insalubrité ; il s'en dégage aussi de l'acide sulfhydrique (hydrogène sulfuré), cause incessante et imminente de dangers, lorsqu'il est un peu abondant (1).

Pendant longues années, dans beaucoup de villes de France, on n'avait rien trouvé de mieux, pour transformer les matières fécales humaines en engrais, que de les dessécher à l'air, en sacrifiant la majeure partie de leurs principes utiles, qui répandaient au loin une odeur infecte, faisant souvent même regretter qu'on eût cherché à tirer un parti quelconque de cet engrais si puissant.

---

(1) C'est l'acide sulfhydrique qui communique aux œufs gâtés leur odeur repoussante. Il est si dangereux à respirer, que si l'air en contenait seulement la millième partie de son volume, nous y péririons promptement.

Voici, par exemple, le mode de préparation qu'on lui fait subir à Montfaucon, près de Paris.

On a disposé de vastes bassins peu profonds, étagés sous forme de gradins, et mis en communication au moyen de vannes. On verse, pendant la nuit, dans le bassin supérieur, les matières mélangées (solides et liquides) qui proviennent des fosses d'aisances. Peu à peu, par un repos suffisamment prolongé, il se fait une séparation des matières en deux couches : la partie la plus solide gagne le fond du bassin ; la partie la plus liquide surnage à la partie supérieure. On ouvre alors les vannes pour faire écouler le liquide dans le second bassin. Il y a avantage à abaisser la vanne plutôt qu'à la lever, parce qu'alors la partie supérieure, qui est la plus liquide, s'écoule la première. Après un repos suffisamment prolongé, il se fait, dans le second bassin, un nouveau dépôt moins abondant que le premier ; on fait alors écouler la partie fluide dans le troisième bassin, et l'on continue ainsi jusqu'à ce que le dépôt devienne insignifiant. Alors le liquide surnageant, désigné sous le nom d'*eaux-vannes*, est dirigé dans des conduits spéciaux et déversé dans la Seine.

La fabrique de Montfaucon verse ainsi, chaque jour, environ 220 mètres cubes, 2 200 hectolitres, de ces eaux-vannes, qui ne sont autre chose que des urines dans un état de décomposition plus ou moins avancée, et dont l'efficacité, comme engrais liquide, est incontestable.

On s'est décidé, cependant, à utiliser à peu près le tiers de ces eaux-vannes pour la fabrication du sulfate d'ammoniaque. (Voir leçon précédente, page 29.)

La matière solide, enlevée à la drague, est portée sur de vastes terrains bien battus, disposés en dos-d'âne pour permettre un écoulement plus facile des dernières traces de liquide. Lorsque cette matière est bien égouttée, on l'étend à la pelle, on la herse de temps à autre ; puis, quand elle est bien desséchée, on la passe à la claie, et on la met en monceaux, fortement tassés, sous de vastes hangars, en attendant la vente. On obtient ainsi l'engrais connu sous le nom de *poudrette* de Montfaucon. Montfaucon peut en produire environ 1 000 hectolitres par jour, au prix moyen de 4 fr. 50 c. l'hectolitre. L'hectolitre de poudrette pèse, d'après M. Jacquemart, de 65 à 67 kilogrammes.

D'après le même observateur, 1 000 parties de cet engrais, dans les conditions les plus ordinaires, contiennent :

Eau	525
Sels ammoniacaux	39
Matières organiques non azotées	181
Matières minérales fixes	255
	1 000

La composition de la poudrette varie très-notablement, d'un lieu de fabrication à un autre.

Dans un examen comparatif, que j'eus occasion de faire en 1841, de deux échantillons, provenant l'un de Montfaucon, l'autre de Fontainebleau (Seine-et-Marne), je trouvai les résultats suivants. — Sur 1 000 parties en poids :

Origine.	Eau et matières combustibles ou volatiles.	Matières fixes.
Montfaucon,	729	271
Fontainebleau,	483	517

Un des graves inconvénients de cette fabrication, c'est qu'elle exige de quatre à six années, et une surface de terrain très-considérable ; mais cet inconvénient est peut-être l'un des moins préjudiciables.

En effet, nous signalions tout-à-l'heure les pertes occasionnées par la fermentation spontanée des matières fécales, fermentation dont les produits empestent l'air jusqu'à plusieurs kilomètres de distance. Ajoutons encore les pertes faites par les eaux-vannes, qui contiennent en dissolution la majeure partie des substances les plus utiles des vidanges.

On a proposé, comme perfectionnement, d'opérer, dans les latrines mêmes, la séparation de la partie liquide des matières que l'on y jette.

Il suffirait, pour cela, de construire dans la fosse, au-dessous de la lunette, une espèce d'auge dans laquelle tomberaient directement les matières solides et liquides. Les premières, par le repos, gagneraient le fond de l'auge, en vertu de leur plus grand poids spécifique ; les autres resteraient à la surface. Lorsque l'auge serait pleine du mélange et qu'une nouvelle quantité de matière viendrait à y tomber, le liquide surnageant, expulsé par la partie solide, déborderait et se déverserait de l'auge dans la fosse.

Les avantages que pourrait offrir cette disposition consistent en une économie notable dans les frais de vidange et de manipulations pour transformer la matière solide en engrais. La fabrication pouvant alors marcher plus rapidement, l'affaiblissement de l'engrais serait moindre, et celui-ci de meilleure qualité.

Les *Chinois* utilisent plus rationnellement les engrais humains; ils en font, avec une argile maigre, des espèces de gâteaux qu'on fait ensuite sécher à l'air avec facilité, et qui, sous le nom de *taffe*, constituent, pour des grandes villes surtout, un important objet d'exportation.

Ce fut un grand perfectionnement, au double point de vue de la salubrité publique et de l'économie agricole, que celui dans lequel on se propose de faire perdre aux matières fécales leur odeur repoussante, et en même temps d'en retirer une plus grande proportion de matières utiles. La *désinfection* des matières fécales est un grand service rendu à l'humanité.

Comme en toutes choses, dès que l'on eut ouvert cette voie, un grand nombre de procédés furent successivement proposés et brevetés. On en compte actuellement plus d'une quinzaine, dont nous allons passer rapidement en revue les principaux.

Dès l'an 1820, Bréant proposa l'emploi des sels métalliques à base de fer pour la désinfection des urines; en 1825, MM. Payen et Chevalier les appliquèrent à la désinfection des matières fécales. Voici comment s'opère alors cette désinfection : les substances odorantes qui se dégagent habituellement des fosses d'aisances consistent principalement en acide sulfhydrique (hydrogène sulfuré), et en ammoniaque ou carbonate d'ammoniaque. Si nous faisons intervenir un sel de fer, de sulfate par exemple (couperose verte), l'hydrogène sulfuré est décomposé, son soufre s'unit au fer et donne un dépôt noir de sulfure de fer, et le sulfate de fer est transformé en sulfate d'ammoniaque.

La désinfection s'opère encore mieux par l'emploi d'un *mélange de sulfate et de pyrolignite de fer*, mais le pyrolignite de fer brut est doué d'une odeur forte, empyreumatique, qui persiste très longtemps, et qui l'a fait généralement abandonner.

On peut employer comme sulfate de fer, les résidus de fabrication de ce produit; on réalisera ainsi une notable économie.

M. Paulet a proposé l'emploi d'un mélange de sulfate de fer et de savon commun; il se produit alors un peu d'eau, du sulfure de fer accusé par la teinte noire que prend le mélange, et une partie de la matière grasse du savon, réagissant sur une partie de l'ammoniaque des matières, donne naissance à une espèce de savon ammoniacal acide, qui intercepte le passage des matières odorantes et en absorbe la majeure partie.

Lorsque la fabrication du sulfate de fer se fait au moyen des eaux acides provenant de l'épuration des huiles, les résidus remplissent parfaitement le double but que se proposait M. Paulet.

M. Schattenmann, qui s'est beaucoup occupé de cette désinfection par le sulfate de fer, a reconnu qu'ordinairement 2 ou 3 kilogrammes de sulfate suffisent pour saturer 1 hectolitre de matière fécale.

On reconnaît facilement que cette saturation est complètement effectuée, en prenant avec un brin d'herbe une goutte de cette matière et la déposant sur une feuille de papier blanc ; puis en faisant passer par-dessus un autre brin trempé dans une dissolution de prussiate rouge de potasse ; s'il y a excès de fer, on voit sur-le-champ la gouttelette se colorer en bleu. Un léger excès de sulfate de fer ne saurait nuire.

La désinfection s'opère rapidement, en agitant le mélange après avoir versé la dissolution de sulfate de fer.

On peut opérer de deux manières : ou bien verser le sulfate chaque jour dans la proportion de 25 à 30 grammes par personne ; ou bien en verser d'avance dans la fosse pour un mois, deux mois, trois mois.

Lorsqu'il y a dans la fosse une forte proportion de matière liquide, le brassage est plus facile quand on a beaucoup de matière à désinfecter à la fois.

La partie solide se dépose bientôt au fond, sous la forme d'un marc noirâtre inodore, que l'on peut employer comme le fumier ordinaire. M. Schattenmann l'employait dans son jardin. La partie liquide, d'abord noirâtre aussi, se clarifie par le repos, et peut être employée en irrigation, avec certaines précautions sur lesquelles nous reviendrons dans la prochaine leçon. (Voir la note première, après la XIII° leçon.)

Vᵉ LEÇON.

On a proposé aussi de faire concourir le plâtre à la désinfection des matières fécales.

Cette idée n'est pas neuve ; elle avait déjà été émise en 1782. Mais l'emploi du plâtre seul ne donna pas de résultats assez satisfaisants, et fut bientôt abandonné.

Depuis quelques années, on a associé au plâtre, dans le même but, et avec succès, diverses matières qui ont complété son pouvoir désinfectant.

Ainsi, le docteur Herpin, de Metz, a employé, avec un succès complet, un mélange de six parties de plâtre cuit, en poudre, et d'une partie de poussier de charbon.

D'après M. Herpin, 12 kilogrammes de plâtre cuit, en poudre, et 2 kilogrammes de poussier de charbon, qui, dans beaucoup de pays, coûtent à peine ensemble 25 c., suffisent pour sodifier et désinfecter immédiatement les déjections stercorales produites par un individu pendant une année entière, et pour les convertir en un engrais puissant qui n'a aucune odeur, aucune apparence désagréable qui en rappelle l'origine.

Cet engrais, que M. Herpin désigne sous le nom de *poudrette désinfectée*, peut être moulé sous forme de moellons cubiques ou de tourteaux desséchés, et ne reviendrait, à Paris, d'après les calculs de l'auteur, qu'à 1 franc les 100 kilogrammes ; soit à peu près 10 francs le mètre cube d'environ 1 000 kilogrammes.

L'addition du charbon au plâtre a pour effet de retarder la décomposition putride, et d'absorber, à mesure de leur production, les produits odorants de cette décomposition. Quant au plâtre, il transforme en sulfate les sels ammoniacaux volatils.

L'usage de ces moyens désinfectants rendra possible, et même facile, la substitution aux fosses actuelles de garde-robes portatives et tout-à-fait inodores ; ce qui serait, pour les propriétaires de maisons, un objet d'économie fort important, et, pour les grandes villes, une des améliorations hygiéniques les plus nécessaires. Une amélioration de ce genre amènerait, par exemple, la suppression des dépôts analogues à ceux de Montfaucon et de Bondy, foyers constants d'infection et d'insalubrité.

M. Siret a proposé, dans le même but, un mélange de plâtre, de couperose et de charbon, dont voici les proportions :

Plâtre. 53
Sulfate de fer. 40   Total. 100
Sulfate de zinc. 5
Charbon végétal en poudre. 2

M. Boussingault considère comme un perfectionnement l'intervention d'un charbon rendu plus léger par l'addition d'une substance bitumineuse. La poudre désinfectante acquiert par là une plus grande énergie, parce qu'elle reste plus long-temps en suspension au milieu des liquides infectés.

15 grammes de cette poudre, délayés dans 5 à 6 décilitres d'eau, font complètement et subitement disparaître l'odeur de la matière stercorale rendue par un individu. La seule difficulté que présente l'emploi de cette poudre, consiste dans la distribution et la répartition des éléments désinfectants dans la masse sur laquelle on veut opérer.

M. Siret estime à 2 centimes la dépense journalière nécessaire pour désinfecter les matières rendues par un ménage de trois ou quatre personnes.

M. Siret a proposé l'emploi de son mélange pour désinfecter les égouts des villes. Pour une longueur d'égout de 500 mètres, il assure qu'il suffit de prendre 75 kilogrammes du mélange, d'y ajouter assez d'eau pour en former une masse solide, que l'on dispose en travers à une certaine distance de l'entrée de l'égout. Les eaux, en passant par-dessus, en font une dissolution graduelle et perdent leur mauvaise odeur.

M. Siret avait antérieurement proposé d'autres mélanges pour arriver au même but. Tels sont les suivants :

Parties
1er Mélange.—Sulfate de fer. 100
Sulfate de zinc. 50
Tan en poudre, ou sciure
de chêne. 40   Total. 200
Goudron liquide. 5
Huile. 5

2e Mélange.—Sulfate de fer. . . . . . . 25 parties
Limaille de cuivre, dissoute dans
10 parties d'acide chlorhydrique
(esprit de sel). 0, 5
Éther sulfurique. 0, 01
le tout mélangé et délayé dans 200 parties d'eau.

L'*eau inodore désinfectante* de Raphanel et Ledoyen n'était autre chose qu'une dissolution contenant, par litre d'eau, 0ᵏ 125 (un quart de livre) de nitrate de plomb, et 0ᵏ 032 (une once) d'acétate du même métal (sel de Saturne).

M. Bayard avait proposé le mélange suivant :

Sulfate de fer. . . . . 250 parties.
Argile ferrugineuse. 200
Plâtre. 150

plus, une quantité variable de goudron de houille.

Enfin, M. Salmon proposa pour le même objet, en 1826, une poudre qu'il obtient en calcinant, dans des cylindres de fonte, la vase ou boue des rivières, étangs, fossés, etc., le vieux terreau, la tourbe, la sciure de bois, le tan qui a servi à la préparation des cuirs. La matière charbonneuse ainsi préparée est d'abord pulvérisée, puis tamisée. Lorsqu'on la mélange avec son poids ou avec une fois et demie et même jusqu'à deux fois son poids de matière fécale molle ou liquide, l'odeur disparaît presque instantanément, en moins de trois minutes, sur deux seaux de matière, et, en cinq minutes, sur un tonneau de plusieurs hectolitres.

L'engrais que l'on obtient ainsi est connu, dans le commerce, sous les noms de *noir animalisé* et d'*engrais Salmon*.

Lorsque l'opération est bien conduite, la matière est si bien désinfectée, que M. Darcet en fit un jour circuler dans son salon, et qu'on la prit pour un minerai inconnu. L'hydrogène sulfuré est alors si bien absorbé, que l'on peut plonger dans le produit une lame d'argent sans qu'elle s'y ternisse d'une manière sensible, tandis qu'avant la désinfection l'argent s'y noircit en quelques secondes.

M. Salmon a organisé aussi, notamment à Marseille, une autre fabrication d'engrais, que l'on désigne souvent sous le nom de *varech animalisé*.

La préparation de cet engrais, dont la partie la plus active est la matière fécale, se fait habituellement sous forme de tourteaux, facilement transportables, et d'un emmagasinage assez commode. Voici quelques-unes des recettes les plus ordinaires pour cette fabrication :

Algues desséchées. . . . . 80 parties.
Chaux. 20
Matières fécales mixtes. 300

On mêle de manière à en faire une pâte homogène, et on moule ensuite.

Autre recette : Plâtre. . . . . 20 parties.
Algues. 80
Matières fécales mixtes. . . 300

Autre recette : Algues. . . . . 90 parties.
Sulfate de zinc. 10
Matières fécales. 300

Ou bien encore : Chlorure de calcium. . . . 20 parties.
Algues. 80
Matières fécales. 200

Enfin, M. Esmein, de Nantes, a proposé l'emploi de la suie comme désinfectant des substances qui nous occupent. Il obtient ainsi un engrais qui n'a qu'une très-faible odeur de suie, et auquel on attribue beaucoup de valeur.

Les mélanges de sulfate de fer et de charbon de tourbe, ou même de poussier de tourbe desséché, dont nous avons déjà signalé l'efficacité sur les urines, peuvent encore être employés ici avec avantage.

La désinfection des matières fécales par plusieurs de ces procédés est souvent si complète, qu'un administrateur, chargé de faire un rapport sur ce sujet, a pu dire, avec raison, que la meilleure preuve de l'efficacité des moyens employés, *c'est que les yeux étaient nécessaires pour faire connaître l'industrie qu'on y exerce.*

Nous ne ferons plus qu'une dernière remarque, à l'occasion de ces divers procédés, c'est que ceux dans lesquels on a fait figurer, soit la chaux vive, soit les cendres neuves, en opérant la désinfection, ont le grave inconvénient d'expulser de l'engrais son ammoniaque, que l'on a tant d'intérêt à y retenir. On doit blâmer cette pratique.

Les détails, un peu longs peut-être, que j'ai cru devoir consacrer à ces divers engrais, seront suffisamment justifiés à vos yeux quand vous saurez que, dans tous les pays qui passent pour les plus avancés sous le rapport de l'agriculture, les déjections humaines sont considérées comme les meilleurs engrais que l'on puisse employer. Aussi ne doit-on plus s'étonner si, dans certaines villes, à Lille par exemple, les propriétaires des maisons un peu importantes, loin d'avoir aucune dépense à faire pour la vidange de leurs fosses ; en retirent, au contraire, un revenu tel que, dans certaines maisons, les domestiques n'ont pas d'autres gages que ce produit qu'on leur abandonne. Excellente pratique qui, tout en contribuant à la propreté et à la salubrité de l'habitation, contribue encore à la prospérité de l'agriculture.

Combien ne serait-il pas à désirer que cette sage et utile coutume se répandît dans toutes les villes populeuses, où une si grande masse d'urines et de matières fécales solides vont se perdre dans les égouts, inutilement, en infectant de leur odeur repoussante les habitations voisines de leurs ouvertures, et les rivières ou ruisseaux qui les reçoivent! Si, du moins, on cherchait à disposer ces égouts de manière à en utiliser les eaux pour des irrigations, en faisant intervenir le procédé de désinfection proposé par M. Siret, on diminuerait considérablement la perte et les causes d'insalubrité.

Il existe, à 4 kilomètres environ d'Edimbourg, sur la côte, des terrains formés d'un sable siliceux très-grossier roulé par la mer. Une petite rivière, qui entraîne l'eau des égouts de la ville, passe à côté. Ces terrains se louaient, il n'y a pas fort longtemps, 5 francs l'hectare. On y mettait quelques animaux pour les laisser errer en liberté, et brouter quelques touffes d'une herbe chétive et peu succulente.

Le propriétaire eut l'idée d'utiliser les eaux de cette rivière pour irriguer ses terres vagues ; et, par ce moyen, il les transforma en prairies d'une fertilité fabuleuse, qui se louèrent jusqu'à 1 560 francs aux nourrisseurs de la ville.

Je ne pourrais terminer l'énumération des différentes formes sous lesquelles on emploie les engrais fournis par l'homme sans vous parler de l'*engrais flamand*, que l'on désigne encore sous les noms de *courte-graisse*, *gadoue*. Le nom d'*engrais flamand* lui vient de ce qu'il est beaucoup plus employé dans la Flandre française que partout ailleurs. On le prépare au moyen des déjections humaines que l'on recueille et que l'on conserve dans des citernes ou réservoirs, que l'on trouve dans le voisinage de tous les domaines un peu étendus.

Ces réservoirs sont des caves en maçonnerie voûtées, de 25 à 40 mètres cubes (250 à 400 hectolitres) de capacité ; le sol est pavé en grès ou en brique, posée sur champ et cimentée. On ménage deux ouvertures : l'une, qui passe par le milieu de la voûte, est destinée à l'introduction ou à l'extraction des matières ; l'autre pratiquée dans le mur qui regarde le nord, est destinée à donner accès à l'air jugé nécessaire pour la fermentation des matières.

On va chercher, dans les moments perdus, les vidanges à la ville, pour les décharger dans ces citernes, où elles séjournent ordinairement plusieurs mois avant d'être employées. Lorsque la gadoue est trop étendue d'eau, ce qui peut arriver par fraude, on y ajoute de la poudre de tourteau. Cette addition de tourteau et d'eau se pratique encore lorsqu'on ne peut se procurer une quantité de vidanges suffisante.

On ne vide jamais complètement les citernes; parce qu'on a remarqué que la matière fermentée qui reste, joue, par rapport à celle qu'on ajoute ensuite, le rôle du levain dans la confection de la pâte du pain; elle en active la fermentation (1).

Les cultivateurs flamands assurent que la fermentation ne fait rien perdre à cet engrais de sa qualité, ni sa conservation pendant une ou deux et même trois années dans les caves. La lenteur de la fermentation, la constance et l'abaissement de la température permettent, jusqu'à un certain point, de se rendre compte de cette faible déperdition. D'un autre côté, cette fermentation doit faciliter la décomposition des débris d'aliments qui ont échappé à la digestion, et les rendre plus immédiatement propres à servir d'aliments aux végétaux.

Nos vieilles habitudes retarderont peut-être encore long-temps l'introduction de cet engrais dans notre agriculture, parce que son emploi nous répugne; mais il est utile de remarquer, cependant, que les pays où l'on fait journellement usage de cet engrais pour lequel nous avons tant de répugnance, sont précisément ceux qui sont les plus renommés pour leur excessive propreté.

De l'emploi et de la valeur, comme engrais, des excréments solides ou mixtes de l'homme et des animaux.

Si nous admettions provisoirement que l'efficacité d'un engrais soit proportionnelle à sa richesse en azote, voici l'ordre dans lequel nous devrions classer quelques-uns de ceux que nous venons de passer en revue :

---

(1) Nous avons vu que pareille chose se produit pour les urines (V. page 26).

DÉSIGNATION des engrais.	QUANTITÉ d'azote contenue dans 1 000 parties d'engrais.	POIDS d'engrais équivalant à 100k de fumier normal.
Fumier normal, à l'état humide. .	4, 1	100 kil.
Engrais Esmein.	45, 0	9, 1
Poudrette de Belloni, à l'état ordinaire.	38, 5	10, 6
La même, desséchée à l'air. . .	44, 0	9, 3
Herbes marines animalisées, à l'état ordinaire.	24, 0	17, 1
Les mêmes, desséchées à 110°. . .	27, 3	15, 0
Excréments mixtes de chèvre, humides.	21, 6	19, 0
Excréments mixtes de chèvre, desséchés à 110°.	39, 3	10, 4
Poudrette de Montfaucon, à l'état ordinaire.	15, 6	26, 3
Poudrette de Montfaucon, desséchée à 110°.	26, 7	15, 4
Noir animalisé, dit engrais hollandais, à l'état ordinaire. . .	13, 6	30, 1
Le même, desséché à 110°. . .	24, 8	16, 5
Noir animalisé récent, à l'état ordinaire.	12, 4	33, 0
Noir animalisé, desséché à 110°. .	29, 6	13, 9
Noir animalisé après 10 mois de fabrication, à l'état ordinaire. .	10, 9	37, 6
Le même, desséché à 110°. . .	19, 6	20, 9
Excréments mixtes de mouton, à l'état humide.	11, 1	36, 9
Excréments mixtes de mouton, desséchés à 110°.	29, 9	13, 7
Excréments mixtes du cheval, à l'état humide.	7, 4	55, 4
Excréments mixtes du cheval, desséchés à 110°.	30, 2	13, 6
Excréments mixtes du porc, à l'état humide.	6, 3	65, 1
Excréments mixtes du porc, desséchés à 110°.	33, 7	12, 2

DÉSIGNATION des engrais.	QUANTITÉ d'azote contenue dans 1 000 parties d'engrais.	POIDS d'engrais équivalant à 100k de fumier normal.
Excréments solides du cheval, à l'état humide.	5, 5	74, 5
Excréments solides du cheval, desséchés à 110°.	22, 1	18, 6
Excréments mixtes de vache, à l'état humide.	4, 1	100, 0
Excréments mixtes de vache, desséchés à 110°.	25, 9	15, 8
Excréments solides de vache, à l'état humide.	3, 2	128, 1
Excréments solides de vache, desséchés à 110°.	23, 0	17, 8
Engrais flamand liquide. . . .	1, 9	215, 8
Autre échantillon.	2, 2	186, 4

En acceptant comme base de l'évaluation du pouvoir fertilisant d'un engrais sa richesse en azote, les excréments solides ou mixtes de la vache, de la chèvre, du porc, du cheval et du mouton, pris à l'état frais, se succéderaient dans l'ordre suivant :

    1° Excréments mixtes de chèvre ;
    2° Id. id. de mouton ;
    3° Id. id. de cheval ;
    4° Id. id. de porc ;
    5° Id. solides de cheval ;
    6° Id. mixtes de vache ;
    7° Id. solides de vache.

Si, au lieu de prendre ces engrais à l'état frais, nous les considérons à l'état sec, dépouillés de toute leur humidité, l'ordre de leur richesse en azote sera le suivant :

1° Excréments mixtes de chèvre ;
2° Id. id. de porc ;
3° Id. id. de cheval ;
4° Id. id. de mouton ;
5° Id. id. de vache ;
6° Id. solides de vache ;
7° Id. id. de cheval.

Les changements qu'éprouvent, dans leur ordre de succession, ces divers engrais, suivant qu'ils sont ou ne sont pas privés de leur eau naturelle, nous aideront peut-être, dans la suite, à expliquer quelques-unes des contradictions que l'on a souvent signalées dans les effets des fumiers, à la confection desquels ils concourent.

Quant à ce qui concerne le principe même de cette classification, nous avons déjà fait souvent en pareille circonstance et nous réitérons nos réserves, parce qu'il est quelques circonstances dans lesquelles ce principe ne paraît pas d'accord avec les résultats de l'expérience pratique.

La science agricole n'a encore guère enregistré de données pratiques relatives à l'emploi, comme engrais particuliers spéciaux, des excréments mixtes des animaux, parce qu'ordinairement on les fait absorber par des litières pour constituer les fumiers proprement dits. Aussi ne parlerons-nous d'une manière particulière que de l'emploi des excréments mixtes du mouton dans la fumure connue sous le nom de *parcage*. On sait que ce mode de fumure consiste à faire coucher les moutons sur la terre préalablement émottée, sur laquelle ils déposent leur crottin et leurs urines ; et, pour retenir ces animaux dans la partie du champ que l'on veut engraisser, on les enferme, pendant un temps déterminé, dans un enclos mobile, que l'on appelle *parc*.

Outre leurs excréments, les moutons laissent aussi, sur le sol qui leur sert de lit, une petite quantité de *suint* et de débris de laine.

D'après Schwertz, un mouton peut parquer, en une nuit, 1 mètre carré (1 centiare).

M. Boussingault, d'après des expériences faites à Béchelbronn, estime cette surface à 1 mètre carré et un tiers. Cette différence peut tenir à la taille et à la race des moutons, à leur nourriture et à une foule d'autres causes que chacun de vous pourra facilement se représenter.

Dans beaucoup de pays, au lieu de mettre les moutons au parc pendant la nuit seulement, on les y met encore, surtout dans la saison chaude, pendant les heures de la journée où la chaleur les empêche de manger. On obtient alors, par jour et par mouton, une surface parquée dont l'étendue, plus considérable, peut être évaluée à environ 1 centiare et demi ou 2 centiares.

Une autre manière de parquer les moutons consiste à leur faire consommer dans leur parc, sur place et sur pied, des prairies artificielles que l'on veut rompre. Dans ce dernier cas, l'étendue donnée au parc est un peu plus grande pour un même nombre de moutons, que s'il s'agissait d'une terre nue.

Suivant les meilleurs agronomes, le parcage convient surtout aux sols légers, à raison du tassement que lui fait éprouver le piétinement des moutons ; mais, le plus souvent, ce mode de fumure est appliqué à des terres de natures assez diverses.

Il est bon de labourer peu de temps après le parcage, surtout s'il fait chaud, pour éviter la déperdition des sels ammoniacaux volatils. La même pratique aura encore un autre avantage si le terrain est en pente ; celui d'empêcher l'entraînement de l'engrais par les eaux pluviales qui coulent avec une merveilleuse facilité sur les terres parquées.

L'ameublissement du sol avant le parcage est encore une condition utile à remplir, parce que les urines y pénètrent beaucoup mieux.

Il n'est pas avantageux de parquer avec un troupeau trop faible ou dans un champ trop peu étendu, parce que les frais y sont proportionnellement plus considérables.

La pratique nous apprend aussi que, lorsqu'on parque avec un troupeau trop considérable, et, par conséquent, dans un parc d'une très-grande étendue, l'engrais s'y trouve moins bien réparti, surtout lorsque le parcage se fait par un temps de grande chaleur ou de grand froid, parce qu'alors les moutons se massent dans une partie du parc, ne s'y déplacent guère, et qu'une partie notable de la superficie, quelquefois plus du tiers, se trouve dépourvue d'engrais, si le berger n'a pas soin de faire déplacer les moutons.

M. de Dombasle, dont l'autorité, en matière d'agriculture, mérite d'être prise en sérieuse considération, dit qu'il ne faut recourir au parcage qu'en cas de disette de paille, et surtout pour les champs trop éloignés de l'exploitation, ou d'un accès difficile pour le charroi des fumiers. Cependant la pratique la plus générale n'a pas encore consenti à ratifier cette opinion du grand agronome.—(Voir la note deuxième, après la xiiie leçon).

VIᵉ LEÇON.

De l'emploi et de la valeur, comme engrais, des excréments solides ou mixtes de l'homme et des animaux. (Suite.)

Les matières fécales humaines peuvent être employées comme engrais, soit directement, soit après avoir subi l'une des nombreuses préparations ou transformations qui ont été indiquées dans nos leçons précédentes.

Dans les environs de Grenoble, on les emploie, au sortir des fosses, pour la culture du chanvre. Dans les environs de Lyon, de Nice, et dans quelques parties de la Toscane, on les délaie dans l'eau et on en arrose les champs, surtout les luzernes.

En Chine, on trouve à chaque pas, le long des chemins fréquentés, de petits vases destinés à recueillir cet engrais, et des enfants, des vieillards et des femmes occupés à le délayer et à le déposer, en doses convenables, près des plantes dont il doit activer la végétation.

Lorsqu'on emploie les engrais humains sous la forme de *poudrette*, la dose habituelle varie entre 18 et 25 hectolitres par hectare, c'est-à-dire environ 1 400 à 2 000 kilogrammes.

Lorsqu'on emploie les matières fécales désinfectées et saturées par le sulfate de fer, M. Schattenmann indique la proportion de 200 hectolitres de mélange liquide, marquant 2 degrés au pèse-sel de Baumé, comme la plus convenable pour 1 hectare de pré. La moitié de cette dose, ou 100 hectolitres, suffisent, d'après le même agronome industriel, pour 1 hectare de froment, d'orge ou d'avoine. Une plus forte proportion de cet engrais fait verser les céréales.

Suivant M. Schattenmann, le trèfle et la luzerne ne paraissent pas très-sensibles aux effets de cet engrais. Cette remarque, en ce qui concerne la luzerne, paraît en désaccord avec la pratique suivie dans les environs de Lyon, de Nice, et dans la Toscane.

M. Herpin indique, pour sa *poudrette désinfectée*, la dose de 5 à 6 mètres cubes par hectare ; soit 50 à 60 hectolitres.

L'intervention du charbon dans cet engrais doit avoir pour effet de le rendre plus durable, en retenant avec une certaine force une partie de ses principes volatils fertilisants.

La proportion la plus convenable de *noir animalisé* (engrais Salmon) à employer par hectare, est comprise entre 12 et 15 hectolitres.

Lorsqu'on veut l'employer, il faut commencer par écraser les mottes d'engrais qui peuvent s'y trouver ; puis on le sème à la volée sur la terre après la graine, avant le hersage, pour le blé, l'orge, l'avoine, les betteraves, la rabette, les navets, le colza, le maïs, le chanvre et le lin. Pour les pommes de terre, haricots, pois, fèves, on le dépose par petites poignées dans les fossettes ou les sillons. Pour les plants repiqués, on peut faire suivre le planteur par un enfant, qui le dépose dans le trou du plantoir, sur la racine que l'on recouvre ensuite de terre. On peut enfin procéder de la même manière pour les marcottes et plants provignés.

Il est à peine utile d'ajouter ici que ces divers modes d'épandage sont applicables à tous les engrais pulvérulents.

L'engrais flamand s'emploie toujours à l'état liquide, avant ou après les semailles, et après les repiquages. L'épandage s'en fait de diverses manières :

Lorsqu'on veut s'en servir en arrosages, comme pour les prés et les terres non couvertes, d'un accès facile pour les grosses voitures, on le transporte aux champs dans un ou plusieurs tonneaux placés sur un chariot, après l'avoir préalablement étendu de cinq à six fois son volume d'eau.

Derrière le chariot se trouve une longue caisse en bois, fixée en travers et percée de trous à son fond ; le liquide, qui sort du tonneau par un robinet ou un chenal en bois, tombe dans la caisse, et de celle-ci sur le sol, au moyen des trous.

On peut arroser ainsi, d'une seule passée, une largeur de 1 mètre et demi à 2 mètres. L'habitude apprend à régler convenablement la vitesse de la voiture.

D'autres fois, le robinet du tonneau conduit le liquide dans un tube horizontal percé de trous, placé immédiatement au-dessous et derrière la voiture. C'est alors le même système que celui des voitures d'arrosement qui servent pour les rues et les promenades publiques des grandes villes.

Si l'engrais n'est pas assez fluide, on substitue à la caisse ou au tube-arrosoir une planche inclinée en arrière, maintenue sous le jet du tonneau, ce qui fait rejaillir le liquide de tous côtés. Quelquefois le liquide, au sortir du robinet, est reçu sur deux planches inclinées sur les deux côtés et en arrière vers la planche dont nous venons de parler.

Dans tous les cas, la bonde des tonneaux, très-large, est munie d'un entonnoir formé par quatre planches. Il est bon qu'à la partie inférieure de cet entonnoir soit ajustée une espèce de grille, pour arrêter les corps d'un trop gros volume qui pourraient obstruer le robinet.

Lorsque les terres à arroser ne sont pas accessibles aux voitures, soit à raison de leur situation, soit à cause des récoltes qui les recouvrent, on peut faire usage de la brouette allemande pour transporter l'engrais pris, soit au bout du champ, dans les tonneaux, soit aux réservoirs, lorsqu'ils ne sont pas trop éloignés.

Le tonneau porté sur cette brouette est mobile, et deux hommes peuvent vider son contenu dans un large cuvier, placé successivement dans différentes parties du champ. C'est dans ce cuvier qu'on ajoute six à huit parties d'eau pour délayer l'engrais.

Au moyen d'une escope, espèce de pelle en bois fixée au bout d'une perche de 2 mètres, 3 et même 4 mètres de longueur, on puise et on projette le liquide sur le sol. Les cultivateurs flamands ont une dextérité étonnante pour manœuvrer l'escope, de manière à opérer la dispersion régulière du liquide, qu'ils font retomber à la volée comme une pluie.

D'autres fois, lorsque l'arrosage ne doit avoir lieu que sur une petite étendue de terrain, entre des lignes de végétaux, et qu'on veut éviter que ceux-ci aient le contact de l'engrais qui agit trop énergiquement sur les feuilles, l'homme chargé de cette fonction distribue le liquide au moyen d'une espèce de baril fixé sur son dos à l'aide de fortes bretelles, et dont le fond est muni d'un tuyau-arrosoir à robinet, dans le genre de ceux des marchands ambulants qui vendent à boire sur les promenades de la capitale.

Les frais d'achat, de transport, d'épandage, etc., de cet engrais sont assez dispendieux : aussi l'emploie-t-on plus spécialement aux cultures industrielles dont les produits marchands ont le plus de valeur, telles que plantes oléagineuses, tabac, etc.

L'odeur de cet engrais est à peu près celle du sulfhydrate d'ammoniaque (1) très-étendu. Il est ordinairement un peu visqueux. Sa durée est d'autant plus courte que les urines y dominent davantage; c'est, dans tous les cas, un engrais *annuel*, comme toutes les matières qui ont subi complètement la fermentation putride.

Voici un exemple de son emploi, rapporté par M. Kuhlmann, pour une rotation triennale, *colza, blé, avoine*.

1re *Année*: Fumure d'automne avec fumier de ferme, enterré à la charrue.—Épandage de 600 hectolitres d'engrais liquide par hectare; puis nouveau labour et plantation du colza.

2e *Année*: Labour après la récolte du colza.—Emploi de 120 à 150 hectolitres d'engrais flamand.—Semaille du froment.

3e *Année*: Labour après la récolte du froment.—120 hectolitres d'engrais.—Avoine d'hiver.

Lorsqu'on ne fume pas en automne, on peut répandre l'engrais dans le mois de mars; on en emploie alors un cinquième de moins.

Cet emploi de l'engrais liquide sur des cultures en pleine végétation n'est pas sans inconvénients, parce que ces sortes d'engrais sont sujets à exercer sur les feuilles et sur les jeunes bourgeons une action corrosive, surtout par les temps secs. Cet inconvénient est moins à craindre lorsque l'emploi s'en fait par un temps humide.

On emploie jusqu'à 1 500 hectolitres d'engrais flamand par hectare, pour la culture de la betterave; mais, lorsque celle-ci est destinée à la fabrication du sucre, les bons praticiens condamnent l'emploi de cet engrais.

L'engrais flamand coûte, à Lille, 25 centimes l'hectolitre, pesant environ 125 kilogrammes. Dans la banlieue de Lille, on évalue le transport au même prix que l'achat. Enfin, on évalue les frais d'entretien des citernes et d'épandage au double du prix d'acquisition, ce qui porte à 1 fr. le prix de l'hectolitre (2).

---

(1) On donne le nom de *sulfhydrate d'ammoniaque* au corps qui résulte de l'union de l'ammoniaque avec l'hydrogène sulfuré ou acide sulfhydrique, dont nous avons eu occasion de parler déjà plusieurs fois.

(2) Il ne faut pas oublier que ce prix de revient se rapporte à l'engrais non additionné d'eau, et non à l'engrais tel qu'on l'emploie habituellement, sans quoi ce prix serait énorme.

M. Kuhlmann en a fait l'essai sur une prairie, et, avec une dépense de 162 fr. 42 c., il a obtenu un excédant de récolte de 3 433 kilog. de foin, dont il porte la valeur à 274 fr. 64 c.

Si l'on estimait l'efficacité de cet engrais d'après la richesse en azote que lui ont assignée MM. Payen et Boussingault, il faudrait environ 200 kilog. d'engrais flamand pour remplacer 100 kilog. de fumier de ferme.

Les praticiens du département du Nord, au contraire, admettent que 100 kilog. d'engrais flamand équivalent à 250 kilog. de fumier ordinaire. Il y a là une question délicate, que la science doit chercher à éclaircir.

Quel que soit l'état sous lequel on emploiera les déjections humaines en agriculture, ce qui précède suffit pour donner une idée de l'importance des ressources qu'on en pourrait retirer.

« On exprime chaque jour, dit M. Schattenmann, les plus vifs regrets de ce que le bétail n'est pas assez nombreux en France, parce qu'on le regarde, et non sans raison, comme la source principale de la production agricole, à raison des fumiers qu'il produit. Mais des ressources immenses sont négligées ; tous les engrais qu'on pourrait utiliser ne sont pas recueillis, et la manière de traiter ceux que l'on recueille en fait perdre une notable partie. »

D'après la moyenne des chiffres indiqués par Sauvage pour le midi de la France, par Robinson et Kiel pour l'Écosse, et par Gorter pour la Hollande, l'homme adulte émettrait, moyennement, avec une ration moyenne d'aliments de $2^k, 382$:

7, 2 p. % sous forme de *féces* (excréments solides) ;
42, 0 p. % sous forme d'urines ;
50, 8 p. % par la respiration, par la transpiration, etc.

Ces nombres donneraient, par jour :

$0^k, 171$ de féces ;
$1^k, 000$ d'urines.

D'après les observations de M. Liébig sur une compagnie de la garde du duché de Hesse-Darmstadt, chaque homme donnerait, par jour :

$0^k, 135$ de féces ;
$0^k, 625$ d'urines.

D'après des expériences de M. Barral, que nous avons déjà citées dans la 2ᵉ leçon, l'homme adulte rendrait, moyennement, par 24 heures :

1^k, 272 d'urines ;
0^k, 107 de féces.

En admettant, comme on le fait habituellement, que ces déjections mélangées contiennent, moyennement, 3 p. % de leur poids d'azote, on trouve une somme de 12^k, 822 d'azote par an dans les déjections mixtes d'un homme, en admettant les premiers résultats ; 15^k 100 en s'appuyant sur les chiffres fournis par M. Barral, et seulement 8^k, 262 d'azote par an, d'après les chiffres obtenus par M. Liébig, cette proportion d'azote équivaut à celle que l'analyse indique dans 400 à 750 kilog. de froment, de seigle, d'orge ou d'avoine.

Les 760 à 1 379 grammes d'excréments mixtes rendus chaque jour par un homme, suffiraient, au bout d'une année, pour fumer abondamment 15 à 20 ares de terre. Il ne faut donc plus tant s'étonner de la négligence avec laquelle les fumiers des bestiaux sont recueillis en Chine, où l'on recueille avec tant de soin tous les engrais d'origine humaine.

M. de Gasparin estime à 19^k, 43 l'azote des aliments des habitants du midi de la France, et à 12^k, 775 celui des aliments des soldats, dont parle M. Liébig, pour une année. L'homme, d'après ces données, restituerait donc, par ses engrais, les 65 ou 66 centièmes de l'azote de ses aliments.

Comme le cheval en restitue environ les 85 centièmes, et la vache les 86 centièmes, il en résulte que, comme producteur d'engrais, l'homme est bien inférieur à ces deux espèces d'animaux. Il peut être placé sur la même ligne que les oiseaux granivores, puisque, d'après M. Boussingault, la tourterelle restitue, par ses excréments, les 64 centièmes de l'azote contenue dans ses aliments.

Si nous calculons, d'après les données précédentes, la quantité d'engrais humain que pourrait produire une ville d'un million d'habitants, comme Paris ; en admettant que le tiers de la population se compose d'individus non adultes, et que la production moyenne d'engrais de ces individus représente la moitié seulement de la production d'un pareil nombre d'adultes (1), nous arrivons au chiffre énorme de :

---

(1) Cette supposition ne doit pas être bien éloignée de la vérité ; car M. Barral a trouvé qu'un enfant de six ans et six semaines, du poids de 15 kilog., rend par jour :

520^g 6 d'urines ; } En tout 604^g 6 d'excréments mixtes.
84 de féces.

250 333 000^k, dans la dernière évaluation ;
et à 356 179 000 dans la première.

Pour une ville de 40 000 habitants, comme la ville de Caen, on trouve le chiffre de :
14 247 000^k, dans la première évaluation ;
ou 11 558 000 dans la seconde.

Enfin, en calculant d'après une population de 35 millions d'habitants, on trouverait pour la quantité de déjections mixtes fournie, dans une année, par la population de la France entière :
8 062 000 000^k, dans la première évaluation ;
11 652 969 000 dans la seconde ;
quantité d'engrais suffisante pour fumer de 5 à 6 millions d'hectares au moins.

Les engrais de la nature de ceux dont nous nous occupons aujourd'hui, ont le très-grand avantage de ne jamais introduire dans les cultures des semences de mauvaises herbes, résultat qu'il est impossible de réaliser par les fumiers ordinaires, quelle que soit leur qualité.

Les déjections solides et liquides de l'homme et des animaux nous donnent une partie de l'azote, ainsi que les substances minérales, solubles et insolubles, contenues primitivement dans leurs aliments ; et comme ces dernières substances tirent leur origine de la terre de nos champs, nous pouvons donc dire que les urines et les fèces représentent en grande partie les matières enlevées au sol sous forme de graines, de racines ou de feuilles.

Lorsque nous exportons un mouton, un bœuf ou le lait d'une vache, un hectolitre d'orge, d'avoine, de froment ou de pommes de terre, nous enlevons au sol une partie de ses éléments de fécondité. C'est par la connaissance un peu complète de la composition des engrais que l'on peut prévoir s'ils sont aptes à remplacer ces matières exportées, et à quelles doses ils doivent être employés. Lorsque la restitution est incomplète, la fertilité des terres doit diminuer ; elle doit augmenter, au contraire, lorsqu'on y porte plus qu'on n'en avait enlevé.

L'importation de l'urine ou des excréments solides équivaut à celle du blé ou des bestiaux ; car ces substances acquièrent, dans un intervalle de temps qui n'est pas trop éloigné, la forme de blé, de chair et d'os.

Les excréments liquides et solides d'un animal doivent avoir beaucoup de valeur, comme engrais, pour la culture des plantes qui ont servi de nourriture à cet animal, parce qu'un pareil engrais contient précisément les substances qui font partie de la composition de ces plantes.

Outre les graines et les fruits destinés à la nourriture de l'homme et des animaux, le sol doit produire encore d'autres matières qui ne sont pas habituellement employées à cet usage : pailles, tiges, fanes, feuilles diverses, etc. La restitution de ces matières sous une forme convenable mérite également de fixer notre attention, et nous en étudierons les principales, sous le nom de litières, dans notre prochaine leçon.

VIIᵉ LEÇON.

DES FUMIERS. — *Composition chimique des litières.*

Tout le monde sait que l'on donne habituellement le nom de *fumiers* aux engrais que l'on obtient en faisant absorber les déjections animales, solides et liquides, par des substances diverses connues sous le nom de *litières*.

De tous les engrais que l'agriculteur peut avoir à sa disposition, les fumiers sont généralement considérés comme les plus convenables, et ils sont certainement les plus commodes.

On les considère comme les plus convenables, parce que, formés habituellement au moyen des débris de plantes diverses, ils doivent renfermer les éléments nécessaires à ces plantes, pour que leur prospérité soit possible.

Les fumiers sont les engrais les plus commodes, parce que, dans toute exploitation agricole, la présence des animaux étant indispensable, il en résulte que le fumier se forme sur les lieux mêmes, sans cesse, et pour ainsi dire tout seul.

Nous avons déjà étudié l'un des éléments du fumier, le plus important, les déjections des animaux. Nous allons maintenant nous livrer à l'étude de l'autre élément essentiel de cette espèce d'engrais, à l'étude des litières.

On peut employer, et l'on emploie effectivement comme litières une foule de matières diverses. Le plus ordinairement, ce sont des débris végétaux que l'on destine à cet usage.

Dans nos leçons de l'année dernière (Voir XVIIIᵉ leçon, p. 157), je vous disais qu'à la rigueur on pourrait employer comme engrais les pailles diverses, fanes, feuilles, etc. Je vous ai même indiqué la proportion de ces diverses matières que l'on avait été conduit à considérer comme équivalant à un poids donné de fumier ordinaire. Mais les débris végétaux, surtout lorsqu'ils sont secs et très-ligneux, c'est-à-dire lorsque leur texture se rapproche de celle du bois, ne se décomposeraient qu'avec une extrême lenteur, si on les employait seuls comme engrais. Ils se décomposent, au contraire, avec assez de rapidité lorsqu'ils sont imprégnés d'urine, et les produits de leur décomposition s'ajoutent à ceux qui proviennent de la décomposition des matières dont ces débris sont imprégnés comme litières. La composition des litières doit donc avoir une certaine importance, puisqu'une différence dans cette composition doit modifier celle du fumier. La connaissance de cette composition, combinée avec celle de la composition des déjections qu'elles sont destinées à absorber, permettrait donc au cultivateur de confectionner des fumiers dans lesquels prédominerait tel ou tel élément, et qu'il pourrait appliquer, avec quelques chances de meilleur succès, aux cultures pour lesquelles cet élément est le plus nécessaire.

La nature des déjections absorbées par les litières exerce également sur les qualités des fumiers une influence dont il est utile de se rendre compte. Lorsque les déjections solides y dominent, le fumier est plus riche en silice et en phosphates de chaux et de magnésie; lorsqu'au contraire, il y a prédominance d'urines, le fumier est plus riche en sels de potasse et de soude, et doit être, en conséquence, d'un emploi plus avantageux pour les plantes dites plantes à potasse, telles que pommes de terre, navets, colza, avoine.

Les matières qu'on emploie le plus habituellement comme litières sont les pailles diverses, et plus spécialement celles des céréales, parce qu'à raison de leur forme creuse et tubulaire, elles paraissent plus propres à absorber les déjections liquides.

La paille des céréales procure, en outre, aux animaux un coucher plus doux, en même temps qu'elle les préserve du froid. Ajoutons que, dans beaucoup de pays, la culture principale étant celle des céréales, il semble plus rationel de faire servir la paille de ces plantes à la confection des fumiers destinés à faciliter leur croissance.

Cette raison serait excellente, si l'on ne se proposait que de récolter de la paille; mais il faut se rappeler aussi que le but principal est ici la récolte du grain, et que le grain des céréales contient beaucoup de phosphates, que l'on ne trouve qu'en bien faible proportion dans la paille des céréales.

On pourrait faire une observation semblable à l'égard des déjections fournies par les animaux dont la paille constituerait la principale nourriture.

Quelle que soit la nature des litières dont on fera usage, elles seront d'autant meilleures, que leur tissu sera plus spongieux et plus apte à retenir les parties liquides des déjections animales. Comme engrais, ces litières elles-mêmes agiront avec d'autant plus d'efficacité, qu'elles seront plus riches en principes azotés et en substances salines.

Si je me suis bien fait comprendre, les considérations qui précèdent auront, à vos yeux, suffisamment justifié la nécessité de connaître, aussi bien que possible, la composition des substances les plus ordinairement employées comme litières.

Voici quelques exemples des résultats d'analyse de plusieurs de ces substances :

1° *Paille de froment.*

Nous en possédons plusieurs analyses ; voici les résultats des plus connues :

	D'après Boussingault.	D'après Th. de Saussure.	D'après Sprengel.
Eau.	260	957	964, 82
Matières combustibles.	684, 42		
Cendres.	55, 58	43	35, 18
	1 000	1 000	1 000

La paille normale perd, d'après M. Boussingault, 260 millièmes de son poids d'eau, par une dessiccation aussi complète que possible à 110°.

Sèche, elle est composée ainsi :

Carbone.	484, 3
Hydrogène.	53, 1
Oxygène.	389, 4
Azote.	3, 5
Cendres.	69, 7

Sur 1 000 parties de cendres de paille de froment, on a trouvé :

	Boussingault.	Sprengel.
Acide phosphorique.	31	48, 6
—— sulfurique.	10	10, 5
Chlore.	6	8, 5
Chaux.	85	68, 2
Magnésie.	50	9, 1
Potasse.	92	5, 7
Soude.	3	8, 2
Silice.	676	815, 7
Oxyde de fer, alumine, etc.	10	25, 5
Charbon, humidité, perte.	37	»
	1 000	1 000

Les différences notables relatives à la magnésie, à la potasse et à la silice, appellent de nouvelles analyses, dans lesquelles il sera bon de tenir compte de la nature du sol et de la variété de froment.

Petzholdt a fait l'analyse comparative de paille de froment saine et de paille niellée, récoltées sur le même terrain ; et voici les résultats qu'il a obtenus :

	Paille saine.	Paille niellée.
Potasse et soude....	186, 1	205, 4
Chaux.........	45, 0	23, 2
Magnésie......	traces	traces
Oxyde de fer, de manganèse, etc....	3, 3	3, 1
Acide phosphorique..	40, 8	103, 4
—— sulfurique...	»	5, 0
Silice........	724, 3	659, 9
Chlore........	0, 5	traces
	1 000	1 000

2° *Paille d'avoine.*

Sur 1 000 parties de paille sèche à l'état normal :

	Boussingault.	Sprengel.
Eau...........	287	
Matières combustibles.....	673, 71	942, 66
Cendres.........	39, 29	57, 34

M. Boussingault a trouvé, sur 1 000 parties de cette paille complètement sèche :

Carbone....	500, 9
Hydrogène...	54, 0
Oxygène....	390, 4
Azote.....	3, 8
Cendres....	50, 9

On a trouvé, dans 1 000 parties de cendres de paille d'avoine :

	Boussingault.	Sprengel.	Lévy.
Acide carbonique.	32	»	»
—— sulfurique.	41	13, 8	21, 5
—— phosphorique.	30	2, 1	19, 4
Chlore.	47	0, 9	15, 0
Chaux.	85	26, 5	72, 9
Magnésie.	28	5, 8	45, 8
Potasse.	245	151, 7	268, 7
Soude.	44	trace.	
Silice.	400	800, 1	542, 6
Oxyde de fer, de manganèse.	21	1, 1	14, 1
Alumine.			
Charbon, humidité, perte.	29	»	»
	1000	1000	1000

Le résultat le plus caractéristique est la richesse de ces cendres en potasse ; elles en contiennent trois ou quatre fois plus que celles de la paille de froment.

3° *Paille d'orge*.

1000 parties de paille, prise dans l'état ordinaire, se réduisent à 833 parties par une dessiccation complète, d'après M. Boussingault ; et 1000 parties de cette paille contiennent 3 parties d'azote, à l'état complètement sec, et seulement 2,5 à l'état normal.

	Th. de Saussure.	Sprengel.
Eau et matières combustibles.	958	947, 56
Cendres.	42	52, 44

1000 parties de cendres de paille d'orge ont fourni

à Sprengel :		à Th. de Saussure :	
Acide sulfurique.	22, 5	5, 0	chlorures alcalins.
—— phosphorique.	11, 4		
Chlore.	13, 7	78, 0	phosphates terreux.
Potasse.	34, 3		
Soude.	9, 2	125, 0	carbonates terreux.
Chaux.	105, 6		
Magnésie.	14, 5	195, 0	sels alcalins.
Alumine.	27, 8		
Oxyde de fer.	2, 7	5, 0	oxydes métalliques.
Oxyde de manganèse	3, 8		
Silice.	735, 5	570, 0	humidité, perte.
Eau et perte.	19	22, 0	
	1000	1000	

L'orge dont provenait la paille analysée par Sprengel avait été récoltée sur un sol argileux et fertile ; nous ne possédons pas de renseignements particuliers sur celle qui a servi à l'analyse de Th. de Saussure.

4° Paille de seigle.

D'après les analyses de M. Boussingault, 1 000 parties de paille de seigle, prise à l'état normal, c'est-à-dire telle qu'on l'emploie habituellement, se réduisent par une dessiccation complète dans le vide à 110°, à 813 parties de substance sèche.

Dans cet état de dessiccation, la paille de seigle contient, sur 1 000 parties :

Carbone.	498, 8
Hydrogène.	55, 8
Oxygène.	405, 6
Azote.	3, 0
Cendres.	36, 8

} 1 000

Dans l'état actuel de la science, nous ne connaissons qu'une seule analyse complète de la paille de seigle ; elle est due au chimiste allemand Sprengel, que nous venons de citer déjà plusieurs fois.

Il y a trouvé, pour 1 000 parties :

Eau et matières combustibles.	972, 07
Cendres.	27, 93 (1)

Et, dans 1 000 parties de ces cendres :

Acide sulfurique.	60, 9
— phosphorique.	48, 3
Chlore.	6, 1
Potasse.	11, 5
Soude.	3, 9
Chaux.	63, 8
Magnésie.	4, 3
Alumine et oxyde de fer.	8, 9
Silice.	822, 3
	1 000

---

(1) Les nombres fournis plus haut par M. Boussingault donneraient, pour la paille normale :

Eau.	187
Matière organique sèche.	783
Cendres.	30

} 1 000

Cette paille avait été récoltée sur un terrain argileux naturellement fertile, et fumé depuis peu. Elle avait été rentrée dans de bonnes conditions.

5° *Paille de colza.*

Nous possédons, jusqu'à ce jour, bien peu de documents sur l'analyse de la paille du colza. On sait que l'on obtient, par le battage de cette plante, deux sortes de débris : les cosses et la paille proprement dite, qui peuvent être et sont assez souvent employées séparément.

J'ai trouvé que 1 000 parties de cosses, prises à l'état normal, se réduisent, par une complète dessiccation, à 881 parties de matière sèche.

J'ai trouvé de même que 1 000 parties de paille ordinaire se réduisent à 874, et peuvent perdre, par conséquent, 126 parties d'eau.

1 000 parties de paille de colza ordinaire contiennent :

	D'après Isid. Pierre.	D'après Sprengel.
Eau.	124, 5	961, 27
Matières combustibles.	815, 14	
Cendres.	63, 36	38, 73

D'après Sprengel, 1 000 parties de cette cendre contiennent :

Acide sulfurique.	133, 6
——— phosphorique.	98, 6
Chlore.	143, 6
Silice.	20, 7
Potasse.	228, 0
Soude.	142, 0
Chaux.	209, 0
Magnésie.	31, 2
Oxyde de fer et alumine.	23, 3
	1 000

Cette paille avait été récoltée dans un terrain argileux et fertile.

6° *Paille de sarrasin.*

Prise à l'état normal de dessiccation, après la récolte, cette paille peut encore perdre une certaine quantité d'eau par une dessiccation plus complète à l'étuve.

1 000 parties de cette paille normale se sont réduites à 884 parties; perte d'eau : 116 parties.

On a trouvé, dans cette paille normale, 4, 8 parties d'azote sur 1 000, et 5, 4 lorsqu'elle a été complètement desséchée.

D'après les analyses de Sprengel, Malaguti et Vauquelin, la composition de cette paille est la suivante :

Eau et matières combustibles 967, 97   à   970, 88 (1)
Cendres. . . . .   32, 03   à   29, 12

L'analyse de 1 000 parties de ces cendres a donné :

	Sprengel.	Malaguti.
Acide sulfurique. . .	67, 7	1, 8
—— phosphorique. .	89, 9	4, 0
Chlore.	29, 7	9, 6
Potasse.	103, 7)	86, 5
Soude.	19, 3)	
Chaux.	219, 8	330, 8
Magnésie.	103, 4	94, 6
Oxyde de fer. . .	4, 6)	
—— de manganèse. .	10, 1)	16, 0
Alumine.	8, 1)	
Silice.	43, 7	35, 7
Acide carbonique. .	»	403, 5
Silicates alcalins. .	»	12, 2
Perte.	»	5, 3
	1 000	1 000

La paille analysée par Sprengel avait été récoltée dans un marais assez élevé, dont la mise en culture avait été précédée d'un écobuage.

Celle de M. Malaguti a été récoltée dans un terrain schisteux des environs de Rennes.

Vauquelin avait trouvé, autrefois, dans 1 000 parties de cendres de paille de sarrasin :

Carbonate de potasse et sulfure de potassium   366, 4
—— de chaux. 192, 3
—— de magnésie. 148, 9
Oxyde de fer et de manganèse, alumine. . . .   115, 4
Silice. 178, 3
                                              1 000

_____

(1) Ces derniers nombres sont de Vauquelin.

74. Paille de maïs.

1 000 parties de tiges de maïs, prises à l'état normal, telles qu'on les emmagasine, se sont réduites, par une dessiccation aussi complète que possible, à 791,7.

Elles contiennent à l'état normal, 1,9 d'azote pour 1 000;
— à l'état de complète siccité, 2,4.

1 000 parties de paille de maïs contiennent :

	Sprengel.	Th. de Saussure.
Eau et matières combustibles	960, 15	916
Cendres	39, 85	84

1 000 parties de cette cendre ont donné :

	Sprengel.
Potasse	47, 4
Soude	1, 0
Chaux	163, 6
Magnésie	59, 2
Acide sulfurique	26, 6
— phosphorique	13, 5
Chlore	1, 6
Alumine	1, 5
Oxyde de fer	1, 0
Oxyde de manganèse	5, 0
Silice	679, 6
	1 000

De Saussure y a trouvé :

724, 5	sels solubles dans l'eau.
50	phosphates de chaux et de magnésie.
10	carbonates id.
5	oxydes métalliques.
180	silice.
30, 5	perte, humidité.
1 000	

Les résultats de ces analyses présentent d'énormes différences. La paille de maïs, analysée par Sprengel, n'était pas tout-à-fait mûre ; mais cette circonstance ne suffirait pas pour expliquer le désaccord. J'ai déjà eu l'occasion, dans les leçons de l'année dernière, d'insister sur le fait de la différence, parfois très-notable, de composition des plantes crues dans des sols de nature différente. En voici un nouvel exemple, pris sur la plante dont les débris font l'objet de notre étude actuelle. Des analyses, faites par M. Straushauer, ont porté non pas sur des tiges, mais sur les feuilles qui enveloppent les épis du maïs, et lui ont donné les résultats suivants :

Cendres de feuilles de maïs ayant végété dans un sol

	Quartzeux tertiaire.	Calcaire dévonien.
Potasse et soude.	457, 7	148, 8
Chaux.	42, 4	96, 8
Magnésie.	44, 6	95, 8
Oxydes métalliques.	7, 4	6, 4
Acide carbonique.	84, 4	38, 5
— sulfurique.	4, 7	6, 8
— phosphorique.	93, 2	187, 6
Silice.	149, 8	293, 6
Chlore.	30, 1	2, 8
Charbon et sable.	112, 7	118, 1
Pertes.	3, 6	5, 0
	1 000	1 000, 0

8° *Paille de vesces.* (Vicia sativa.)

D'après M. de Gasparin, 1 000 parties de cette paille, prise à l'état normal, se réduisent à 875 par une complète dessiccation à l'étuve.

Elle contient à l'état normal 10, 5 d'azote pour 1 000 ;
— à l'état sec 12, 0.

Sprengel a trouvé dans la paille de vesces :

| Eau et matières combustibles. | 948, 99 } 1 000 |
| Cendres. | 51, 01 } |

1 000 parties de ces cendres lui ont donné :

Acide sulfurique.	23, 9
— phosphorique.	54, 9
Chlore.	16, 4
Silice.	86, 6
Potasse.	354, 8
Soude.	10, 2
Chaux.	383, 5
Magnésie.	63, 5
Alumine.	3, 0
Oxyde de fer.	1, 8
— de manganèse.	1, 6
	1 000

9° **Paille de pois.** (Pisum sativum.)

La paille de pois contient, à l'état normal :

	Boussingault.	Autre échantillon (1).	Sprengel.
Eau.	86,	118	950, 29
Matières combustibles.	810, 5	882	
Cendres.	103, 5		49, 71
	1 000	1 000	1 000

1 000 parties de paille de pois, complètement desséchée, ont donné à M. Boussingault :

Carbone.	458, 0
Hydrogène.	50, 0
Oxygène.	355, 7
Azote.	23, 4
Cendres.	113, 2
	1 000

Cette même paille contenait, à l'état normal, 21, 1 d'azote.

Sprengel, dont je viens de vous citer déjà le nom plusieurs fois, a soumis à l'analyse la cendre de la paille de pois desséchée à couvert, aussitôt après la récolte et avant que le fanage en fût complètement opéré sur place. Il a trouvé, dans 1 000 parties de ces cendres :

	Sprengel.	Hertwig.	
Acide sulfurique.	67, 8	49, 4	
— phosphorique.	48, 3	4, 0	
Chlore.	10, 8	46, 3	chlorures alcalins.
Silice.	200, 4	78, 1	
Potasse.	47, 3	134, 9	
Soude.	traces.		
Chaux.	549, 2	107, 2	phosphates terreux.
Magnésie.	68, 8	518, 6	
Alumine.	12, 0		
Oxyde de fer.	4, 0	5, 0	
— de manganèse.	1, 4		
	1 000		

---

(1) Pois jaunes.

10° *Paille de lentilles.*

1 000 parties de cette paille se sont réduites à 856 par une complète dessiccation, et ont perdu, par conséquent, 144 parties d'eau.

1 000 parties contiennent, à l'état normal, 10, 1 d'azote.
— à l'état de complète siccité. . . 11, 8

Sprengel y a trouvé :

Eau et matières combustibles.	961, 01
Cendres.	38, 99

1 000 parties de ces cendres contiennent :

Acide sulfurique.	9, 7
—— phosphorique.	123, 6
Chlore.	12, 6
Silice.	175, 9
Potasse.	107, 7
Soude.	8, 4
Chaux.	523, 4
Magnésie.	30, 5
Alumine et oxyde de fer.	8, 5
Oxyde de manganèse.	trace.
	1 000

Les cendres de la paille de lentilles sont les plus pauvres en acide sulfurique de toutes celles que nous venons de passer en revue.

11° *Paille de fèves.*

1 000 parties de paille de fèves, prise à l'état normal, perdent 120 parties d'eau et se réduisent à 880, d'après M. Boussingault, par une complète dessiccation.

1 000 parties de cette paille contiennent :

A l'état normal. . . . . . 20, 5 d'azote.
Et à l'état de complète siccité. . 23, 1

Composition d'un échantillon de paille sèche.	Paille normale.
(Th. de Saussure.)	(Sprengel.)
Eau.	} 968, 79
Matières combustibles. 885	
Cendres. 115	31, 21

Sprengel a trouvé, dans 1 000 parties de cendres provenant de fanes de fèves qui avaient été récoltées un peu avant la complète maturité de la graine :

Acide sulfurique.	10, 9
—— phosphorique.	72, 4
Chlore.	25, 6
Silice.	70, 5
Potasse.	530, 6
Soude.	46, 0
Chaux.	200, 0
Magnésie.	67, 0
Alumine.	3, 2
Oxyde de fer.	2, 2
—— de manganèse.	1, 6
	1 000

Th. de Saussure et Hertwig ont donné aussi les résultats de l'analyse des cendres de la paille de fèves. Voici ces résultats :

	Th. de Saussure.	Hertwig.
Phosphates solubles.	»	26, 0
Silice.	17, 5	79, 7
Phosphates terreux.	157, 5	130, 9
Chlorures alcalins.	»	2, 8
Carbonates terreux.	366, 0	414, 2
Sels solubles divers.	420, 0	326, 2
Oxydes métalliques.	10, 0	20, 2
Humidité, pertes diverses.	129, 0	»
	1 000	1 000

12° *Paille de millet.* (Panicum miliaceum.)

Prise à l'état normal, cette paille perd, en se desséchant complètement, 187, 5 parties sur 1 000, qui se réduisent ainsi à 812, 5.

1 000 parties contiennent, à l'état normal. . . 7, 8 d'azote.
— à l'état de complète siccité. . . . 9, 6

Sprengel a trouvé cette paille composée de :

Eau et matières combustibles.	951, 45
Cendres (ou substances minérales).	48, 55

1000 parties de ces cendres ont donné :

Acide sulfurique.	160, 0
—— phosphorique.	6, 2
Chlore.	26, 8
Silice.	450, 2
Potasse.	128, 2
Soude.	17, 7
Chaux.	121, 5
Magnésie.	76, 2
Alumine.	2, 0
Oxyde de fer.	5, 1
Oxyde de manganèse.	6, 1
	1 000

15° *Fanes de pommes de terre.*

Par une complète dessiccation, 1 000 parties de ces fanes, prises au moment de la récolte, se sont réduites à 240 ; perte, 760.

Après dessiccation spontanée à l'air, ces fanes peuvent encore perdre, à 110°, 120 d'humidité.

1 000 parties de fanes, complètement sèches, ont donné à M. Boussingault :

Carbone.	448
Hydrogène.	51
Oxygène.	305
Azote.	23
Cendres.	173
	1 000

1 000 parties de ces fanes contiennent :

Au moment de la récolte.	5, 5 d'azote.
Desséchées à l'air.	20, 2
Complètement sèches.	23

Mollerat, en examinant les fanes de la patraque jaune, à diverses époques de la végétation, a reconnu que la proportion de potasse y diminue graduellement, et d'une manière très-notable, à mesure que la plante approche de sa maturité.

Hertwig a trouvé dans les cendres des tiges de pommes de terre :

Carbonates terreux.	524, 4
Sels solubles divers.	46, 9
Silice.	298, 1
Oxydes métalliques.	8, 0
Phosphates terreux.	84, 8
Chlorures alcalins.	22, 8
Acide phosphorique.	5, 0
Humidité, perte.	10, 0
	1 000

14° *Fanes de topinambours.*

M. Boussingault a soumis à l'analyse des tiges sèches de topinambour, qui avaient passé l'hiver sur place; elles étaient presque entièrement formées de moelle. 1 000 parties de ces fanes se sont réduites, par une complète dessiccation, à 871 parties. 1 000 de substances complètement sèches ont donné à l'analyse :

Carbone.	456, 6
Hydrogène.	54, 3
Oxygène.	457, 2
Azote.	4, 3
Cendres.	27, 6

1 000 parties de matières contenaient, avant leur dessiccation à l'étuve, 5, 7 d'azote.

15° *Feuilles de fougère.* (Pteris aquilana.)

On doit à M. Berthier une analyse des cendres des feuilles de fougère. En voici les résultats :

Silice.	730
Carbonates terreux.	248
Phosphates terreux.	10
Magnésie.	5
Sels solubles divers.	7
	1 000

Cette fougère avait été récoltée sur un sable quartzeux, des environs de Nemours (Seine-et-Marne).

On attribue généralement beaucoup de valeur à la fougère

comme litière, lorsqu'elle a été fauchée avant d'avoir séché sur pied. La principale raison vient de la richesse de cette plante en potasse, richesse qui surpasse celle de la plupart des pailles employées au même usage.

16° *Paille de haricots.*

La paille, prise à l'état normal, perd, par complète dessiccation, 275 parties sur 1 000.
Elle contient, à l'état sec. . . . . 16 d'azote.
Et à l'état normal. . . . . 10 pour 1 000.

On pourrait encore employer comme litière une foule d'autres débris végétaux, dont la composition pourrait aussi nous offrir quelque intérêt à d'autres titres ; mais l'énumération des résultats de leur analyse serait bien longue, et je crains d'avoir déjà trop fatigué votre attention par la liste des analyses nombreuses que je viens de citer.

Il y aurait peut-être quelque utilité à classer ces divers débris végétaux d'après la proportion qu'ils renferment de tel ou tel des principes auquel on attribue un rôle important dans la prospérité des principales cultures.

— 82 —

D'après leur richesse en azote à l'état normal.	D'après la richesse de leurs cendres en silice.	D'après la richesse de leurs cendres en potasse et soude.	D'après la richesse de leurs cendres en chaux.	D'après la richesse de leurs cendres en magnésie.	D'après la richesse de leurs cendres en acide phosphorique.	D'après leur richesse en acide sulfurique.
Paille de pois.	P. de seigle.	P. de fèves.	P. de pois.	P. de sarrasin.	P. de lentilles.	P. de millet.
— de fèves.	— de froment.	— de colza.	— de lentilles.	— de millet.	— de colza.	— de colza.
— de pommes de terre.	— d'orge.	— de vesces.	— de vesces.	— de pois.	— de sarrasin.	— de pois.
Feuilles de bruyère sèches.	— d'avoine.	— d'avoine.	— de sarrasin.	— de fèves.	— de fèves.	— de sarrasin.
— de poirier sèches.	— de millet.	— de millet.	— de colza.	— de vesces.	— de vesces.	— de seigle.
Genêts, tiges et feuilles.	— de maïs.	— de sarrasin.	— de fèves.	— de maïs.	— de pois.	— de froment.
Feuilles de hêtre.	— de pois.	— de lentilles.	— de maïs.	— de colza.	— de froment.	— d'avoine.
— de chêne.	— de lentilles.	— de maïs.	— de millet.	— de lentilles.	— de maïs.	— de vesces.
Buis (rameaux et feuilles).	— de sarrasin.	— de froment.	— d'orge.	— de froment.	— de seigle.	— d'orge.
Paille de vesces.	— de vesces.	— de pois.	— de froment.	— d'avoine.	— d'avoine.	— de maïs.
— de lentilles.	— de fèves.	— d'orge.	— de seigle.	— d'orge.	— d'orge.	— de fèves.
— de haricots.	— de colza.	— de seigle.	— d'avoine.	— de seigle.	— de millet.	— de lentilles.
Balles de froment.						
Paille de millet.						
Roseaux.						
Feuilles d'acacia.						
Sciure de chêne sèche.						
Feuilles de peuplier.						
Gazon de prairie.						
Paille de colza.						
— de sarrasin.						
— de topinambour.						
Sciure d'acacia sèche.						
Paille d'avoine.						
— de froment.						
— d'orge.						
— de seigle.						
— de maïs.						

VIIIᵉ LEÇON.

Litières (suite). — *Litières terreuses.*

Outre les matières végétales dont l'étude nous a occupés pendant notre dernière leçon, on emploie encore quelquefois comme litière, mais bien à contre-cœur alors, d'autres matières plus habituellement utilisées comme fourrages (foins de pré, de trèfle, de luzerne, de sainfoin, etc.). C'est lorsque ces fourrages ont éprouvé de telles avaries qu'il ne serait pas prudent de les faire consommer au bétail.

Comme nous nous occuperons, plus tard, de l'influence de l'alimentation des animaux sur la production et sur les qualités du fumier, l'étude de la composition des fourrages y trouvera naturellement sa place.

Les fanes des légumineuses ont, comme litière, l'inconvénient de procurer au bétail un mauvais coucher, à cause de leur très-grande rigidité. Les tiges ligneuses, surtout lorsqu'elles sont un peu grosses, peuvent être assez rigides pour gêner les animaux. Leur épiderme coriace peut être un obstacle à l'imbibition des urines, l'une des fonctions les plus importantes des litières.

On a proposé de les couper, de les broyer sous la meule avant de les employer. Ce sont là des opérations dispendieuses. Le mieux, du moins sous le rapport économique, est de les faire écraser sous les pieds des animaux, en les répandant sur leur passage, et sous les roues des voitures de la ferme.

Économiser utilement la paille de litière, c'est augmenter le fourrage.

Nous avons vu, dans notre leçon dernière, que les pailles de colza et de sarrasin mériteraient, à beaucoup d'égards, d'être placées comme litière avant celles des céréales. Nous ne saurions donc blâmer trop énergiquement la déplorable habitude des cultivateurs de certains pays qui, *pour se débarrasser* de leurs pailles de sarrasin et de colza, les brûlent dans les champs et en répandent les cendres sur le sol, lorsqu'ils ne les laissent pas se perdre au gré des vents. Sans doute, les cendres de ces pailles sont d'un utile emploi comme engrais ; mais on a perdu ainsi une foule de principes non moins utiles et d'une grande valeur. Lorsqu'on emploie ces débris végétaux comme combustibles pour le chauffage des fours à pain ou pour la cuisson de la chaux, on n'en fait pas l'emploi le plus judicieux, mais du moins on en tire un meilleur parti.

Les tiges du topinambour, elles-mêmes, seraient bien plus avantageuses comme litière que comme combustibles, et elles pourraient vraisemblablement remplacer leur poids de paille ordinaire de céréales.

M. Boussingault a trouvé très-profitable de faire entrer pour une notable proportion les tiges sèches de *madia sativa* dans les litières des étables et des écuries de sa ferme de Bechelbronn.

Lorsqu'on veut obtenir le meilleur fumier possible, c'est-à-dire celui qui, sous le même poids, renferme le plus de principes utiles, il faudrait employer la plus faible proportion de litière. C'est ce que l'on devrait faire, si les fourrages étaient rares, et que l'on pût employer plus utilement à la nourriture des animaux une partie des substances végétales qui servent habituellement de litière. Ainsi l'on trouve ordinairement plus d'avantage à faire consommer, comme fourrages, les fanes des légumineuses qu'à les jeter sous les animaux pour absorber leurs déjections. Mais l'économie de litières doit s'arrêter au point où elles ne suffiraient plus pour absorber les urines, que l'on serait alors obligé de perdre ou de recueillir à part.

La paille sèche des céréales peut doubler de poids en absorbant les déjections mixtes des animaux.

L'expérience a montré que, pour le cheval, la proportion de litière sèche doit être à peu près égale au poids de la nourriture qu'on lui donne.

Les animaux de l'espèce bovine en exigent davantage, et les porcs encore plus, parce que leurs déjections mixtes contiennent proportionnellement plus d'eau.

Lorsque les animaux sont soumis au régime vert ou alimentés par des résidus de distillerie, par la pulpe de betteraves, ils ont besoin d'une litière plus abondante ou plus absorbante.

Plus la litière est divisée, plus elle jouit à un haut degré de la faculté absorbante; aussi brise-t-on souvent les pailles longues avant de les mettre sous les animaux.

Il paraît, d'après sir John Sinclair, que dans l'antiquité, cette circonstance était déjà connue, puisqu'on broyait souvent la paille entre des pierres pour la rendre plus absorbante, dans décomposition plus facile, et en même temps pour procurer aux animaux un lit plus doux.

Lorsque les pailles viennent à manquer, on peut employer pour en tenir lieu, une foule d'autres débris végétaux dont les plus commodes sont les feuilles diverses des arbres des plus communs : feuilles de chêne, de hêtre, d'orme, etc., etc.

En général, ces feuilles absorbent peu, beaucoup moins que les pailles, mais comme elles sont, par elles-mêmes, plus riches en principes azotés, elles n'en donnent pas moins d'excellents fumiers.

Dans la Campine, on emploie avec succès les gazons pour le même usage. Dans la Bavière Rhénane et dans la Bretagne on fait un très-fréquent usage du genêt, très-riche en potasse ; on le coupe encore jeune, et, après l'avoir fait écraser sous les pieds des animaux et sous les roues des voitures, on le mélange avec de la paille. Ce mélange, employé comme litière, donne un excellent engrais.

Enfin, la tourbe sèche et réduite en poudre grossière peut encore être utilisée pour le même objet.

Ce qui a fait choisir de préférence pour litière les pailles diverses, feuilles, etc., c'est qu'outre la propriété qu'elles possèdent d'augmenter, par les produits de leur décomposition, la masse active des fumiers, elles ont encore un autre avantage, celui de ne pas s'attacher au poil ou à la peau. Il en résulte qu'elles ne nécessitent pas de fréquents pansages pour maintenir les grands animaux en bon état de propreté ; elles ne salissent pas autant la laine des moutons que le feraient des litières terreuses. Cependant, si nous laissons de côté quelques chevaux de luxe pour lesquels on exige une propreté de tous les instants, et si l'on se rappelle que, dans les pays d'herbages, les animaux couchent sur la terre la majeure partie de l'année, et que leur état de santé est pour le moins aussi satisfaisant que celui des animaux qu'on nourrit à l'étable sur leur fumier, on sera moins éloigné d'admettre que l'usage des litières, lesquelles pourrait être étendu pour le bétail de rente et de travail.

C'est surtout lorsque la paille est à un prix très-élevé que les cultivateurs qui ont pratiqué l'usage de ces litières ont réalisé d'assez notables bénéfices. Mais pour que ces bénéfices ne finissent pas par se transformer en perte, il est nécessaire de pouvoir se procurer à un prix raisonnable une plus forte proportion d'engrais supplémentaires.

Si cette substitution de litière n'avait d'autre but que de faire consommer au bétail une plus forte proportion de paille en diminuant la ration de fourrage proprement dit, il est douteux que l'on pût retirer de l'avantage de cette pratique ; l'avantage serait plus grand dans les cas d'insuffisance de fourrage.

En choisissant convenablement la terre qu'on voudra employer à cet usage, suivant la nature du sol à fumer, il sera possible de fournir à celui-ci tout à la fois un fumier et un *correctif*. Ainsi, la litière devrait être argileuse lorsque la terre à fumer est sablonneuse ou calcaire, et réciproquement.

Avec l'emploi des litières de pailles, tel qu'on le pratique habituellement, une partie de l'urine est absorbée par le sol des étables et écuries ; il en résulte tout à la fois une perte d'engrais et une cause d'insalubrité permanente pour les animaux.

C'est en partie aux émanations qui proviennent de la décomposition de ces matières qu'on attribue généralement les maladies de pied qui affectent quelquefois des troupeaux de moutons tout entiers. Les litières terreuses, employées bien sèches, jouissent de la propriété d'absorber plus complètement les urines et les produits de leur décomposition. On le reconnaît facilement à la disparition plus complète de l'odeur forte des urines, surtout lorsque les litières sont marneuses.

On peut objecter contre l'emploi des litières terreuses : 1° *les dépenses* occasionnées par le charroi des terres ; 2° *les difficultés* de se procurer économiquement et indéfiniment la grande quantité de terre nécessaire pour cet objet, dans une exploitation un peu considérable.

L'objection relative au charroi n'a pas toute l'importance qu'on pourrait lui supposer d'abord. En effet, lorsque les voitures vont conduire le fumier dans les champs, elles reviennent à vide ordinairement ; il serait possible, avec un léger surcroît de temps et de main-d'œuvre, de les faire revenir chargées de la terre qu'on voudrait employer comme litière, et qu'on déposerait dans un lieu sec, sous un mauvais hangar, par exemple, jusqu'au moment de l'employer. Ajoutons encore les moments perdus pour les attelages.

Quant à la seconde objection, il n'est pas plus difficile d'y répondre. Beaucoup de chemins d'exploitation sont tortueux et mal nivelés ; par le redressement et le nivellement de ces chemins, on pourrait, tout en diminuant leur parcours, et, par suite, l'étendue de terre sacrifiée, se procurer une grande quantité de terre, qui serait remplacée par les pierres dont on débarrasserait les champs. Si ce moyen était trop dispendieux ou si cette ressource était épuisée, on trouverait presque toujours, dans l'exploitation, des portions de terrain trop peu profond que le défoncement pourrait améliorer. En employant comme litière le sous-sol improductif d'un pareil terrain, on le transformerait en une mine presque inépuisable de litière, tout en donnant plus de valeur au champ qui la fournirait.

Un cultivateur de la Silésie, M. Block, qui a depuis fort long-temps adopté l'usage de la terre comme litière, estime le bénéfice annuel qui en résulte en bon engrais, à huit ou dix voitures au moins par tête de gros bétail, dans le système de la stabulation permanente. D'après le même praticien, dans le même système de stabulation, dix moutons fournissent en plus deux voitures et demie à trois voitures d'engrais, dans le cours d'une année.

Le bétail, même lorsqu'il est habitué aux litières de pailles, n'éprouve aucune répugnance à se coucher sur des litières terreuses, si ces dernières ne contiennent pas de fragments trop gros et trop durs. M. Malingié, habile cultivateur du département de Loir-et-Cher, affirme même que, lorsque la litière terreuse est bien entretenue, si l'on recouvre de terre une moitié de l'étable, et l'autre moitié avec de la paille, les animaux chercheront la terre de préférence. Les fumiers de M. Malingié sont sans odeur.

Du reste, cet emploi de la terre comme litière, préconisé par un grand nombre d'agronomes fort distingués, n'est plus à l'état de simple projet théorique ; il a pour lui la pratique de bon nombre des meilleurs cultivateurs de la Hollande, de l'Angleterre, de la Bavière et de la Suisse.

L'emploi des litières terreuses oblige à plus de soins pour la propreté des animaux ; il exige peut-être aussi plus d'attention que l'emploi des pailles pour reconnaître lorsque la litière est suffisamment souillée et saturée de déjections animales ; mais l'habitude apprend bientôt quelle est la ration de litière la plus convenable dans des circonstances déterminées. Toutefois, elles doivent exiger un petit supplément de surveillance de la part des chefs d'exploitation. Lorsque la terre est suffisamment imbibée, on peut la recouvrir d'une nouvelle couche de terre sèche, qui s'imprègne à son tour. Lorsque la couche totale atteint 10 à 15 centimètres d'épaisseur, hauteur qu'on dépasse rarement, on rassemble la terre en tas dans une partie de l'étable, de manière à ne pas gêner le service, et l'on transporte ensuite ces tas d'engrais sur le tas général, où il éprouve une fermentation plus facile à modérer que celle du fumier ordinaire. Les fumiers terreux ont sur les autres l'avantage d'être d'un épandage beaucoup plus facile.

Supposons qu'on ne veuille pas faire de l'emploi des litières terreuses l'objet d'un système exclusif, il n'en est pas moins constant que, si l'on avait la précaution de répandre sur le sol des écuries, étables, etc., une couche de terre qu'on renouvellerait de temps en temps sous les litières habituelles, ce sol renouvelé absorberait tout ce qui échappe aux litières même les mieux entretenues; les étables y gagneraient en salubrité, et le cultivateur y gagnerait bon nombre de voitures d'un excellent engrais qui ne lui coûterait que les frais de transport de la terre, c'est-à-dire presque rien.

La question qui se présente naturellement à nous maintenant, c'est celle de savoir pendant combien de temps le fumier doit séjourner sous les animaux qui l'ont produit, et quelles seraient les méthodes à l'aide desquelles on pourrait obtenir la plus forte proportion de bon engrais d'un nombre donné d'animaux soumis à un régime alimentaire déterminé.

Schwertz était grand partisan du séjour prolongé du fumier dans les étables et écuries, et voici sur quelles raisons il s'appuyait :

1° La fermentation se développe plus facilement dans la masse du fumier, et s'y effectue plus régulièrement que dans les cours de ferme ;

2° Cette manière de procéder procure une grande économie dans les travaux de transport, puisque le fumier passe immédiatement de l'étable dans les voitures qui doivent le conduire aux champs.

Ce long séjour du fumier sous les animaux est susceptible d'offrir des inconvénients assez graves, dont voici les principaux :

1° Les animaux, surtout dans le système de la stabulation permanente, séjournant pendant long-temps sur une couche épaisse de fumier, sont exposés aux émanations qui se dégagent pendant la fermentation : il peut en résulter pour eux diverses maladies, dont quelques-unes sont très-graves. Cet inconvénient est diminué par l'abondance des litières ; mais il subsiste toujours à un degré plus ou moins prononcé.

2° En supposant même une litière assez abondante, les fumiers qui sont abandonnés ainsi pendant trop long-temps dans des lieux clos à la pourriture spontanée, sont sujets à éprouver le genre d'altération connu sous les noms de *blanc* et de *chancissure*.

Dans cet état, le fumier a perdu une grande partie de sa valeur comme engrais.

Entre la pratique du long séjour des fumiers dans les étables et la pratique tout opposée qui consiste à enlever chaque jour la portion de litière salie ou mouillée, il y a un moyen-terme qui consiste à ajouter chaque jour de nouvelle litière sur l'ancienne pendant plusieurs jours. De cette manière, on peut jouir, jusqu'à un certain point, des avantages des deux méthodes.

Cependant, lorsque la température est un peu élevée, comme dans la saison chaude ou dans les pays méridionaux, il y a toujours de graves inconvénients, au point de vue hygiénique, à laisser séjourner long-temps le fumier sous les animaux. Les bons praticiens s'accordent à dire qu'on ne doit pas alors l'y laisser plus de deux ou trois jours, à moins que les étables et écuries ne soient spacieuses et bien aérées, ce qui n'est malheureusement que l'exception.

La quantité de fumier que le cultivateur peut avoir à sa disposition dépend beaucoup, toutes choses égales d'ailleurs, du temps pendant lequel on laisse les bestiaux à l'étable, et, sous ce rapport, les deux systèmes extrêmes sont : le *séjour permanent dans les pâturages*, et la *stabulation permanente*.

Dans le premier système, la production du fumier *disponible* est nulle ou insignifiante; dans le second, cette production peut atteindre un chiffre extrêmement considérable.

Ainsi, les cultivateurs belges admettent que chaque vache, nourrie à l'étable toute l'année, peut produire annuellement 50 à 60 voitures de fumier du poids de 650 kilogrammes chacune, c'est-à-dire de 32 500 à 39 000 kilogrammes.

Feu Mathieu de Dombasle, frappé de l'énorme différence qui existait entre cette production d'engrais et celle qu'il obtenait à Roville, en donnant tous les soins possibles à cet objet si capital en agriculture, voulut expérimenter le système belge qui produit d'aussi importants résultats ; mais, comme ce système ne consiste pas seulement à nourrir le bétail à l'étable pendant toute l'année, et que la disposition des étables elles-mêmes joue un rôle important dans cette abondance de production, Mathieu de Dombasle fit disposer dans sa ferme deux étables à la manière belge :

L'une pour 12 bœufs à l'engrais ;
L'autre pour 12 vaches laitières.

Cette disposition consiste à pratiquer, en avant des animaux, un trottoir planchéié ou cimenté, sur lequel on dépose le fourrage qui leur est destiné, et les augets ou baquets qui contiennent leur boisson.

Ce trottoir est souvent établi sur une galerie voûtée dans laquelle on peut conserver des provisions de racines.

Les animaux sont placés sur un plan légèrement incliné de l'avant à l'arrière, pavé ou dallé à chaux et ciment de manière à éviter les infiltrations d'urines et de matières solubles dans le sol. Derrière les animaux se trouve un espace large et un peu enfoncé dans lequel s'écoulent les parties liquides de leurs excréments qui ont échappé à l'absorption de la litière. Cet espace creux doit être également pavé avec le plus grand soin. On y jette tous les jours le fumier que l'on retire de sous les animaux auxquels on fournit une abondante litière ; de cette manière, rien n'échappe à l'absorption, le bétail y gagne beaucoup en propreté, et, par suite, sa santé est meilleure.

Le cultivateur y gagne beaucoup de fumier ; car Mathieu de Dombasle a trouvé que la quantité de fumier qu'il retirait de ses étables, disposées à la manière belge, était constamment double de celle que lui donnait le même nombre de bêtes, avec la même nourriture, dans les étables ordinaires, et le fumier était plus gras et de meilleure qualité.

Il est bon de distinguer, dans cette disposition, la partie véritablement essentielle de celle qui n'a qu'un but de commodité, et qui est la plus dispendieuse à établir : la partie véritablement essentielle est la place des animaux et l'emplacement creux destiné à recevoir le fumier pendant cinq à six jours en été, et six à neuf jours en hiver. La galerie voûtée et le trottoir constituent des dispositions très-commodes, mais non indispensables. Il serait possible d'organiser de cette manière, et à bien peu de frais, la plupart de nos étables ordinaires.

Voici quelques-uns des résultats obtenus par M. de Dombasle, dans ses étables disposées à la manière belge :

	Fumier produit dans une année.	Nourriture représentée en foin sec, par an.	Fumier produit par 100ᵏ de foin.
Cheval.	16 200ᵏ	7 700ᵏ	221ᵏ 9
Bœuf à l'engrais. . .	25 350	7 300	347
Bœuf de trait. . .	7 800	»	»
Vache laitière. . .	19 500	3 650	534
Mouton adulte. . .	600	365	164
Porc.	12 350	»	»

Un bœuf, nourri à l'étable, donne donc près de quatre fois plus de fumier qu'un bœuf de labour. Il en sera de même relativement au bœuf qui passerait la plus grande partie de la journée au pâturage, parce qu'alors une grande partie de leurs excréments sont perdus pour le tas de fumier.

Je sais bien qu'on peut dire que ce qui est perdu ici pour le tas de fumier n'est pas perdu pour les champs. C'est vrai : une partie des excréments que rejettent le cheval et le bœuf de labour hors de la ferme, tombe sur le sol dans lequel ils travaillent ; mais l'urine de ces animaux, tombant sur un espace extrêmement circonscrit, n'a d'autre effet que d'y provoquer une végétation excessive, par suite de laquelle les plantes donnent peu de profit, tandis que, répandue sur une surface convenable et plus étendue, elle y eût produit d'excellents résultats.

C'est par suite d'essais de cette nature que Mathieu de Dombasle avait été conduit à nourrir son bétail à l'étable pendant toute l'année, pour en obtenir une bien plus forte proportion de fumier. Il avait même fini par étendre à ses moutons ce système de stabulation permanente, et ne les faisait presque jamais parquer.

La différence entre le nombre 164 qui exprime, dans le tableau précédent, la quantité de fumier produit par 100 de foin sec pour les moutons, et le nombre 222 qui se rapporte aux chevaux, est attribuée par M. de Dombasle à la manière dont on fait la litière aux deux espèces d'animaux. Dans la bergerie, qu'il ne faisait vider que cinq ou six fois par an, aucune partie de paille n'échappait à l'imbibition des excréments, tandis qu'il n'en pouvait être ainsi dans les écuries que l'on vidait presque tous les jours ; la litière, proportionnellement trop abondante dans ce dernier cas, a dû contribuer à augmenter la masse du fumier.

Mathieu de Dombasle, avec environ 900 mérinos qu'il entretenait à Rôville, parquait en outre environ 2 hectares de terre par an, ce qui devait diminuer un peu la quantité de fumier produit par ses moutons dans les bergeries.

Il estimait qu'en ne parquant pas du tout, chaque tête de son troupeau pouvait donner, par an, plus d'une voiture de fumier du poids de 650 kilogrammes.

Je disais, il n'y a qu'un instant, que plus la litière des animaux est divisée ou triturée, plus elle jouit de la propriété d'absorber les déjections animales ; lorsque les animaux sont toujours à l'étable, leurs litières doivent être beaucoup plus triturées, ce qui nous permet d'expliquer en partie la meilleure qualité du fumier que produisent alors les animaux.

Suivant Thunberg, les Japonnais, et surtout les Chinois, chez lesquels la science des engrais paraît arrivée depuis long temps à un si haut degré de perfection, laissent aussi leurs bestiaux à l'étable toute l'année, parce qu'ils ont reconnu que c'est le meilleur moyen de donner à leurs terres les abondantes fumures sans lesquelles elles ne pourraient pas subvenir aux besoins de l'immense population de ces pays.

Dans certains cantons de la Suisse, dans une partie de la Flandre et du nord de la France, on a adopté une autre manière de préparer les engrais à l'étable ; on la connaît généralement sous le nom de *méthode suisse*.

Le bétail est placé sur une plateforme en dalles, en payés ou en forts madriers, dont les joints sont bien bouchés. Cette plateforme est légèrement inclinée de l'avant à l'arrière, comme dans la méthode belge. Au bas de cette plateforme règne une rigole d'environ 30 centimètres de largeur sur 20 de profondeur, qui reçoit les urines s'écoulant de la plateforme, et que la litière n'a pas absorbées. Cette rigole aboutit à un premier réservoir enterré dans le sol, de 2 à 4 mètres cubes de capacité, fermé en dessus par un couvercle. Ce premier réservoir communique avec un autre assez grand pour contenir tout le liquide produit pendant un ou deux mois. On peut, à volonté, établir ou intercepter la communication entre la rigole et le premier réservoir au moyen d'une planchette ou éclusette à coulisse.

Voici maintenant comment sont traités les fumiers dans ce système d'étables : on remplit d'abord la rigole à moitié d'eau ; une partie des urines vient naturellement s'y rendre ; on y fait tomber le plus souvent possible et on y délaie les excréments solides des animaux. De temps en temps on a soin de plonger dans la rigole la litière salie, de manière à lui faire subir une espèce de lavage, après lequel on la dépose du côté opposé de l'étable pour qu'elle s'y égoutte, puis on la porte sur le tas de fumier où on l'étend et sur lequel on la presse bien.

Lorsque la rigole est pleine de liquide, on ouvre l'éclusette pour le faire écouler dans le premier réservoir ; quand celui-ci est complètement rempli, on le fait couler dans le grand, qui doit être placé en contre-bas du premier. Ce liquide, connu sous le nom de *lizier*, y éprouve une fermentation qui dure un mois à six semaines, suivant le temps et la saison. Une pompe, établie au milieu du grand réservoir, fait passer le liquide dans les tonneaux destinés à le porter dans les champs.

Les rigoles et le pavé sont lavés assez souvent, ce qui, tout en contribuant à la propreté et à la salubrité des étables, augmente en même temps la qualité ou la masse du lizier. Cet engrais liquide contient donc, non-seulement la plus grande partie des urines, mais encore la partie soluble et la plus active des excréments solides.

Très-souvent les latrines de la maison sont disposées de manière à conduire dans les rigoles les matières qu'on y dépose, nouvelle source d'augmentation et d'amélioration de la masse des liziers.

Quelquefois, au lieu d'un grand réservoir unique, capable de contenir le lizier de cinq à six semaines, on a cinq à six réservoirs de moindres dimensions, capables, chacun, de recevoir le produit d'une semaine. Lorsque le dernier est plein, on vide le premier et l'on remplit le dernier ; on alterne ainsi successivement, et l'on est sûr que l'engrais liquide a subi, de cette manière, une fermentation suffisante. Lorsque la fermentation marche un peu vite, et elle s'annonce par la présence de bulles de gaz qui viennent à la surface du liquide, on se trouve bien d'ajouter un peu de sulfate de fer, qui modère la fermentation et s'oppose à la déperdition des produits gazeux fertilisants.

Schwertz recommande beaucoup de ne pas mêler au liquide le marc solide qui se dépose au fond des réservoirs, et surtout au fond du premier, lorsqu'on veut répandre l'engrais sur de jeunes plantes, parce qu'il a reconnu que ce marc épais forme une croûte qui s'attache à ces dernières et gêne leur croissance. Il a reconnu aussi que, répandu sur une terre nouvellement ensemencée, ce marc contrarie beaucoup la levée des graines; plus tard survient une espèce de tissu blanchâtre qui recouvre tout le sol.

Ces inconvéniens n'ont pas lieu, dit-il, lorsque le marc est enterré par le labour qui précède les semailles; d'où il faudrait conclure que c'est surtout à cette époque que le fond des fosses devrait être vidé.

IX° LEÇON.

(Suite des Fumiers.)

Nous avons vu, dans la dernière leçon, qu'il y avait, en général, des inconvénients à laisser le fumier séjourner trop longtemps sous les animaux qui le produisent. Aussi, le plus ordinairement, on vide les étables et les écuries tous les deux ou trois jours; quelquefois, tous les sept ou huit jours seulement. Le fumier frais que l'on retire ainsi de dessous les animaux est porté ou plutôt traîné dans les cours de ferme, et disposé en tas de diverses manières. Les soins que l'on doit alors donner aux fumiers constituent l'un des points les plus importants de l'administration générale d'une exploitation ; et, pour nous servir d'une expression bien juste de M. Boussingault, *on peut, à la première vue, lorsqu'on entre dans la cour d'une ferme, juger de l'industrie, du degré d'intelligence d'un cultivateur, par les soins qu'il donne à son tas de fumier* (1).

On rencontre des exploitations où la place destinée au fumier est disposée de manière à recevoir toute la pluie qui s'écoule de la toiture des bâtiments, quelquefois même aussi celle qui s'écoule du reste de la cour, comme si l'on se proposait de profiter des eaux pluviales pour le laver aussi bien que possible. On entasse le fumier, à mesure qu'on le retire de dessous les animaux, dans la partie la plus basse de la cour, exposé, pendant l'été, à l'ardeur du soleil, abreuvé, et pour ainsi dire submergé, pendant la saison pluvieuse, par les eaux qui arrivent de toutes parts. Ces eaux le dépouillent de toutes les parties solubles et les plus actives, et forment, dans la cour, une nappe infecte et boueuse d'un jus noirâtre qui s'infiltre peu à peu dans le sol, ou s'échappe au dehors et va corrompre l'eau des mares et des puits du voisinage. Cause de perte considérable pour le cultivateur, cause de malpropreté et d'insalubrité pour les animaux, pour les habitants de la ferme, et souvent pour leurs voisins.

---

(1) *Economie rurale*, t. II.

Les bestiaux qui piétinent ce fumier, les volailles qui le grattent continuellement, multiplient les surfaces de contact avec l'air et y occasionnent une plus forte déperdition de principes volatils, parmi lesquels nous savons qu'il s'en trouve de très-utiles à la végétation. Il ne reste bientôt plus, de pareils fumiers, que des pailles pourries, dépourvues de la plus grande partie des sels et des sucs si nécessaires à la végétation (1).

L'emplacement sur lequel on dépose le fumier dans les cours mérite donc de fixer tout d'abord notre attention. Nous allons, en conséquence, passer en revue les dispositions diverses adoptées par plusieurs des agronomes modernes les plus renommés, afin que vous puissiez adopter celle qui sera la plus en rapport avec vos ressources, celle qui remplira le mieux, à vos yeux, la double condition d'une abondante production de bon engrais et de la plus faible dépense possible pour obtenir ce résultat.

Voici, d'abord, la disposition qu'avait adoptée Mathieu de Dombasle, dans sa ferme de Roville : L'emplacement destiné à recevoir le fumier était une surface plane et de niveau avec le sol environnant. Le fond était glaisé avec soin, de manière à ne pas permettre les infiltrations (2). Un pareil espace, de 12 mètres de long sur 7 mètres de largeur, peut recevoir 300 à 350 voitures de fumier du poids moyen de 650 kilogrammes : soit 195 000 à 227 000 kilogrammes.

Sur les quatre côtés de cet espace rectangulaire régnait, au pied du tas de fumier, une rigole toujours bien curée, glaisée ou pavée, conduisant le purin qui s'écoule du fumier dans un réservoir carré, de 2 mètres de côté sur un mètre de profondeur, pratiqué dans la partie la plus basse de l'emplacement.

Le tas de fumier était soustrait au lavage des eaux extérieures au moyen d'une levée en gravier mêlé d'argile, régnant tout autour du tas, en dehors de la rigole. Cette levée, d'un mètre et demi de largeur, n'avait qu'environ 2 décimètres de hauteur au milieu, et se terminait en pente douce de chaque côté, de sorte qu'elle était presque insensible à la vue et ne gênait nullement l'accès des voitures.

Dans le réservoir était placée une pompe fixe en bois, qui pouvait amener le purin sur le tas de fumier, lorsqu'on voulait arro-

---

(1) Mathieu de Dombasle, *Annuaire de Roville*, t. VII.
(2) Un bon pavage serait préférable, s'il ne coûtait pas trop cher à établir.

ser celui-ci, ou dans des tonneaux, s'il devait être conduit dans les champs.

Le fumier était disposé avec soin sur cet emplacement; on élevait toutes les faces du tas aussi verticalement que des murs; et, pour que l'ancien tas ne se trouvât pas toujours enfoui sous le nouveau fumier, comme cela arrive si souvent dans la plupart des exploitations, on formait, à volonté, dans l'emplacement, deux, trois ou quatre divisions, que l'on pouvait charger et enlever successivement sans attaquer ni détasser les divisions voisines. Les tas de fumiers qui formaient ces divisions étaient entièrement contigus les uns aux autres, en sorte que, lorsqu'ils étaient élevés à la même hauteur, ils présentaient l'aspect d'un seul tas régulièrement rectangulaire. Ces divisions permettent encore de faire toutes les séparations de fumiers de nature différente que l'on voudra, toutes les combinaisons ou mélanges possibles de fumiers divers.

Lorsqu'on adopte cette disposition, on arrose les tas aussi souvent que le besoin s'en fait sentir : d'abord avec le purin contenu dans le réservoir, et, en cas d'insuffisance, avec de l'eau.

Mathieu de Dombasle estimait que, dans son exploitation, qui pouvait produire de 1000 à 1500 voitures de fumier, du poids d'environ 650 kilogrammes chacune, il retirait de sa fosse à purin 800 à 1000 hectolitres de liquide, dont il porte le prix à 50 centimes au moins l'hectolitre; ce qui représente une valeur de 400 à 500 francs, qui serait à peu près perdue sans cela. On peut mettre cette somme en regard des frais d'établissement d'une fosse à purin, en tenant compte, bien entendu, des frais d'épandage de l'engrais liquide.

Au lieu de placer la fosse à purin en-dehors de l'espace rectangulaire destiné à recevoir le fumier, Schwertz recommande de la placer au milieu, en ménageant une pente convenable des deux côtés. Il propose de donner à cette fosse une forme oblongue, et de lui faire occuper une bonne partie de la largeur du rectangle. En la recouvrant d'une espèce de gril formé de fort madriers peu écartés les uns des autres, on a l'avantage d'économiser la place, parce qu'on peut la recouvrir de fumier, sans empêcher le passage du purin qui suinte entre les madriers. Un autre avantage, c'est que ce fumier qui recouvre la fosse s'oppose à l'évaporation du liquide en été, et à sa congélation par le froid dans l'hiver.

Une addition fort utile consisterait à faire arriver dans la fosse à purin, du côté opposé à la pompe, les urines et les matières fécales des habitants de la ferme. — Ainsi, à l'un des bouts de la fosse, les latrines ; à l'autre bout, la pompe à purin.

J'ai parlé plusieurs fois d'arroser le fumier dans des circonstances sur lesquelles nous reviendrons dans un instant ; cet arrosage doit pouvoir s'effectuer, sans difficulté et sans grandes dépenses, jusqu'à l'extrémité du tas de fumier, c'est-à-dire à d'assez grandes distances du réservoir à purin pour qu'un déversoir de pompe ordinaire ne puisse y projeter le liquide. Schwertz employait, dans les fermes de l'Institut agricole de Hoheinheim, une disposition peu dispendieuse et facile à mettre en pratique : on place sous le déversoir de la pompe, que l'on a soin d'ajuster à une hauteur suffisante, plusieurs noues ou rigoles légères et mobiles, formées de deux planches bien jointes. Chaque noue est plus large d'un bout que de l'autre, afin qu'elles puissent se poser l'une dans l'autre. Elles sont portées par des chevalets dont les jambes sont liées en forme d'X, au moyen d'un seul rivet. Ces chevalets peuvent aussi, en s'ouvrant ou en se fermant plus ou moins, présenter un point d'appui plus ou moins élevé, de manière à pouvoir donner aux noues la hauteur et la pente nécessaires, suivant la hauteur variable du fumier. Ce système de rigoles mobiles peut être facilement transporté d'une partie du fumier sur l'autre, de manière à permettre un facile arrosage sur tous les points.

L'expérience ayant appris que la qualité du fumier est d'autant meilleure que sa fermentation s'est accomplie dans des conditions plus constantes de température et d'humidité, on a cherché à obtenir cette constance, en évitant l'action échauffante et desséchante des rayons directs du soleil, et l'action trop refroidissante des eaux pluviales.

On a proposé, pour cela, d'entourer la place à fumier de murs plus ou moins élevés, ouverts au nord pour l'accès des voitures, et d'ajuster dessus une couverture en paille ou même en tuiles.

On recommande alors de disposer l'enclos de manière que ses longs côtés soient à l'est et à l'ouest.

Arthur Young dit que ceux qui ont essayé cette méthode peuvent seuls comprendre la différence entre le fumier fait à couvert et celui qui a été fait à l'air libre ; il accorde à une voiture du premier une valeur double de celle du second.

Cette pratique est suivie dans plusieurs communes des environs de Toulouse et de Saint-Gaudens. Le fumier, enlevé tous les deux ou trois jours de dessous les animaux, est porté sous un hangar construit exprès, et fermé de trois côtés par des murs en pisé ; la toiture est en tuile et forme un angle très-obtus, afin de laisser moins de prise à l'air sec et chaud sur le fumier. Celui-ci est entassé par couches mélangées, jusqu'à la hauteur de 2 ou 3 mètres, et arrosé tous les jours avec du purin.

Ces clôtures, et les hangars surtout, ont le double inconvénient de gêner le service des voitures, et d'être dispendieux, par suite de la rapidité avec laquelle ils se détériorent sous l'influence des vapeurs qui se dégagent des fumiers en fermentation. Aussi, bien qu'on les ait souvent préconisés, on ne les trouve presque nulle part.

On a conseillé aussi le dépôt des fumiers au nord d'un bâtiment élevé ; mais la chose n'est pas toujours commode et possible.

Une plantation d'ormes autour de la place à fumier, surtout du côté du midi, remplit le même but à beaucoup moins de frais, et a même l'avantage de procurer un peu de bois par les émondes et par l'élagage. Une mince couche de gazon ou de terre de quelques centimètres, mélangée de quelques kilogrammes de plâtre cru en poudre, peut également remplacer la couverture du hangar, avec avantage, puisque cette couverture terreuse finira elle-même par être transformée en un bon engrais.

De Voght, pour éviter une trop grande réduction de son fumier par une fermentation trop avancée, le faisait stratifier avec de la boue des cours et des chemins, des curures de fossés, des sarclures, balayures, cendres, débris animaux ou végétaux.

Lorsque la surface du tas se couvrait d'herbes, il la faisait retourner à la bêche ; les herbes, ainsi enterrées, ne pouvaient porter graine, et se transformaient elles-mêmes en engrais, en pourrissant dans la terre.

Enfin, de Voght faisait arroser fréquemment le tas de fumier avec du purin.

Mathieu de Dombasle reprochait à cette dernière méthode le surcroît de main-d'œuvre occasionné par le transport à la ferme des matières terreuses conseillées par de Voght, et préférait l'emploi direct des curures de fossés, boues, etc., sur les terres ; mais il approuvait l'emploi des tourbes de qualité inférieure, lorsqu'on peut s'en procurer à peu de frais. Ce système de stratification alternative de tourbe et de fumier est employé avec avantage dans l'exploitation agricole des religieux Trappistes de Mortagne. Lorsqu'on peut arroser convenablement le mélange, on augmente ainsi considérablement la masse des engrais, et l'on obtient un excellent fumier.

Pour être bien convaincu de l'importance pratique et de la grande utilité des soins à donner à l'administration des fumiers dans les cours de ferme, il suffit de chercher à se rendre compte des modifications qu'ils éprouvent depuis l'époque de leur mise en tas jusqu'au moment de leur conduite aux champs.

Lorsque le fumier a été mis en tas, il commence bientôt à entrer en fermentation, sous l'influence de l'air et de l'humidité qu'il renferme habituellement. Cette fermentation s'annonce par une augmentation de chaleur parfois si considérable, que l'on a vu plus d'une fois des tas de fumier d'écurie prendre feu spontanément; il s'en dégage de l'eau en vapeurs, et ce dégagement, qui n'est pas sensible à nos yeux dans la saison chaude, devient manifeste pendant l'hiver; on voit alors se dégager constamment des tas de fumier une sorte de brouillard léger, blanchâtre. En même temps que l'eau, il se dégage des gaz de diverse nature produits par la fermentation; le fumier change de couleur et devient de plus en plus brun; son volume diminue progressivement, et il suinte habituellement, à la partie inférieure du tas, un liquide brunâtre, connu sous le nom de *jus de fumier*, qui n'est autre chose que de l'eau chargée de matières solubles diverses, provenant des éléments dont se compose le fumier qui les produit.

La masse tend à se convertir, finalement, en une matière homogène, espèce de terreau brun, dans lequel on n'aperçoit plus aucun vestige des litières et autres matières dont se compose le fumier frais.

Gazzeri, de Florence, a cherché à suivre le fumier dans les diverses transformations successives qu'il éprouve ainsi pendant sa décomposition.

Il a placé dans une chaudière de cuivre 40 livres de fumier (poids de Florence), de manière à remplir la chaudière aux deux tiers; il a placé celle-ci dans un lieu clos, après l'avoir couverte d'une toile grossière surmontée d'une petite quantité de paille.

La masse de fumier était petite, l'accès de l'air était difficile; la perte devait donc être moins considérable, proportionnellement, que celle qu'éprouve le fumier préparé sur une grande échelle. Vers la fin de l'expérience, la chaudière resta découverte, du 6 au 18 juillet.

Voici les résultats obtenus par le chimiste italien :

	Poids.	Différence totale.	Différence par jour.
21 mars.	1 000 ⎫	225	4,68
18 mai.	775 ⎭	71	2,36
18 juin.	704 ⎫	51	2,83
6 juillet.	653 ⎭	198	16,50
18 juillet.	455		

Le poids du fumier avait donc diminué de plus de moitié en cent dix-neuf jours. La diminution a été assez régulière tant que la chaudière a été couverte; mais elle est devenue beaucoup plus rapide à l'air libre. Elle eût, sans aucun doute, été plus rapide si, dès le commencement, l'expérience eût été faite sans couverture.

En examinant comparativement les principaux éléments du fumier à ces diverses époques d'observation, Garzeri a trouvé, dans 10 000 parties de matières :

	Eau.	Partie insoluble.		Partie soluble.	Rapport de la partie insoluble à la partie soluble.
		Matière fibreuse consistante.	Matière molle.		
21 mars.	7 081	1 533	1 124	267	$\frac{10\,000}{1\,006}$
18 mai.	6 824	1 599	1 341	253	$\frac{10\,000}{792}$
18 juin.	6 958	1 508	1 275	256	$\frac{10\,000}{847}$
6 juillet.	6 834	1 466	1 441	258	$\frac{10\,000}{587}$
18 juillet.	6 631	1 400	1 361	381	$\frac{10\,000}{1\,370}$

Ainsi, il y a eu perte de tous les principes du fumier, même des matières solubles, puisque, si le poids de ces dernières n'avait pas diminué, on aurait dû trouver 587 au lieu de 381; c'est-à-dire qu'il y a eu aussi perte de près de moitié sur ces substances.

Pour compléter les expériences de Gazzeri, M. de Gasparin a fait analyser par M. Payen du fumier de couche épuisé, qui avait cessé d'émettre la chaleur qui annonce la continuation de la fermentation. M. Payen y a trouvé, sur 10000 parties :

Eau. 3134
Cendres. 3950
Sels ammoniacaux et matières combustibles. . 2916

Après dessiccation complète, ce fumier épuisé contenait seulement 157,7 pour 10 000 d'azote, au lieu de 207,0 qu'il contenait à l'état frais. Il y avait donc eu diminution de 49,3 sur la masse restante ; mais celle-ci, réduite de 10000 à 4550, aurait dû contenir 454,9 d'azote, si elle n'avait éprouvé aucune perte de ce principe. Elle a donc perdu, en réalité, 297,2 d'azote sur 10 000 parties de fumier ; c'est-à-dire les 65 centièmes, ou près des deux tiers, de son azote primitif.

La déperdition de l'azote est donc proportionnellement plus forte encore que celle des autres principes du fumier. En recherchant pour leurs fumiers une apparence d'homogénéité, les cultivateurs qui pensent leur faire acquérir plus de valeur par une fermentation très-avancée s'exposent donc à perdre :

1° Plus de la moitié de la masse du fumier ;
2° Près de la moitié de ses principes solubles ;
3° Les deux tiers de son azote.

Ce n'est donc pas à l'aide d'une fermentation de ce genre qu'il faudrait chercher à réduire les frais de transport des fumiers ; car on ferait ainsi une spéculation détestable.

N'oublions pas que nous avons choisi ici le cas extrême, et n'exagérons pas la perte en ammoniaque éprouvée par les fumiers qui fermentent, lorsque la fermentation, au lieu d'être poussée jusqu'à ses dernières limites, est au contraire dirigée avec prudence.

Si l'on voit des exemples d'inflammation spontanée d'amas de crottin de chevaux ; si certains engrais, qui contiennent, sous un petit volume, une très-haute dose de matières azotées, peuvent, exposés à un certain degré d'humidité et à une température convenable, dégager de si abondantes vapeurs ammoniacales que l'air cesserait d'être respirable si la fermentation s'effectuait dans un lieu clos ; tel n'est pas le résultat de la décomposition des fumiers de ferme ordinaires, lorsque la fermentation s'est effectuée lentement et dans de bonnes conditions.

On reconnaît alors que la couche supérieure du tas n'a presque éprouvé aucun changement ; la couche immédiatement au-dessous est plus altérée et dégage parfois une odeur faiblement ammoniacale. A mesure que l'on descend, la couleur du fumier devient de plus en plus foncée ; il a perdu de sa consistance et se rompt avec la plus grande facilité. Près du sol, le fumier exhale souvent une odeur d'acide sulfhydrique, d'œufs pourris. Cette odeur est due à la présence de sulfures, qui proviennent, soit de la décomposition des sulfates naturellement contenus dans les éléments du fumier, soit de la décomposition des autres matières sulfurées que celui-ci peut contenir.

Lorsque le fumier se décompose à l'air libre, au lieu d'être en tas foulés, le dégagement des produits ammoniacaux est plus abondant, comme on le reconnaît souvent dans les écuries ou étables, où le fumier reste un peu plus long-temps qu'à l'ordinaire.

Aussi M. Boussingault n'approuve pas l'usage de remuer les fumiers plusieurs fois pendant leur préparation, parce qu'en activant ainsi beaucoup trop la fermentation, on les affaiblit considérablement. L'invasion de la chancissure ou du blanc est un de ces cas rares où il est bon de remuer le tas de fumier ; mais on peut la prévenir par des arrosements assez fréquents.

D'après ce que nous savons sur plusieurs des principes qui constituent le purin, il est facile de comprendre que son introduction dans la masse du fumier y porte partout des matières propres à provoquer la fermentation, et en même temps l'eau qui les accompagne, en empêchant la température de s'élever trop, doit régulariser cette fermentation et retenir en grande partie les produits gazeux qui tendent à s'échapper.

Quelques cultivateurs, pour éviter d'avoir un trou à fumier, font conduire de suite les vidanges des écuries et des étables sur les pièces de terre qui doivent être engraissées, et y forment, ordinairement à l'un des bouts, *des dépôts temporaires de fumier*, que l'on répand en temps utile. Mathieu de Dombasle, qui avait d'abord adopté cette méthode, y a bientôt renoncé, d'abord à cause de la déperdition considérable de purin qui en résulte, et ensuite parce que le cultivateur, n'ayant pas continuellement son tas de fumier sous les yeux, ne peut pas aussi bien lui donner à propos les soins qu'il exige et qui contribuent si efficacement à lui conserver sa fertilité (1). Par exemple, les arrosages,

---

(1) *Annuaire de Roville*, t. VII.

si utiles pour régulariser la marche de la fermentation, sont ici tout-à-fait impossibles ou très-dispendieux. Il est, d'ailleurs, assez difficile d'éviter que le sol sur lequel a eu lieu le dépôt ne fasse verser les récoltes.

On pourrait admettre exceptionnellement, peut-être, le cas où un cultivateur, placé dans le voisinage d'une grande ville, ferait déposer directement sur son champ le fumier de rue qu'il devrait aller chercher plus tard aux lieux de dépôt de ce genre d'engrais. Ici, rien ne serait changé dans la manière de traiter le fumier, et le cultivateur économiserait les frais de transport, tout en bénéficiant de l'infiltration du purin qui s'opère abondamment sur la partie de son champ où se trouve le dépôt temporaire.

M. Schattenmann a proposé de faire intervenir l'emploi du sulfate de fer, pour éviter la déperdition des vapeurs ammoniacales. Voici, d'ailleurs, comment il conduit la préparation de ses fumiers : Placé près d'une caserne d'artillerie, M. Schattenmann dispose du fumier d'environ 400 chevaux. Sa place à fumier, de 400 mètres carrés de superficie, est divisée en deux parties égales; elle est formée par un plan incliné, disposé de telle manière que les eaux de fumier se réunissent au milieu, où se trouve un réservoir muni d'une pompe, pour ramener à volonté sur le fumier les eaux qui en découlent. A côté de ce tas de fumier se trouve un puits, muni également d'une pompe, pour fournir de l'eau lorsque la quantité de purin est insuffisante pour arroser convenablement le fumier.

Les deux parties de l'emplacement sont alternativement chargées de fumier entassé par couches jusqu'à 3 ou 4 mètres de hauteur, foulé aux pieds par les hommes qui l'apportent, et abondamment arrosé.

M. Schattenmann ajoute aux eaux du réservoir, ou répand sur le fumier, du sulfate de fer, dissous dans l'eau, ou de l'acide sulfurique très-affaibli par une large addition d'eau. On opère sur chaque couche avant de la monter.

En deux ou trois mois, l'engrais est parfaitement fait, aussi pâteux que le fumier des bêtes à cornes, et d'une très-grande énergie.

Le foulage ralentit la dessiccation et la putréfaction ; l'arrosement modère la fermentation, refroidit la masse, et empêche la déperdition des sels ammoniacaux volatils.

Le point capital du procédé Schattenmann consiste dans l'addition du sulfate de fer, qui, ne laissant plus craindre la déperdition des vapeurs ammoniacales, permet de laisser la fermentation marcher plus rapidement et plus complètement.

Il est important, lorsqu'on suit cette méthode, d'éviter l'emploi d'un trop grand excès d'acide sulfurique ou de sulfate de fer qui pourrait nuire à la végétation, tout en occasionnant un surcroît de dépenses.

M. Schattenmann emploie une dissolution marquant 2° à l'aréomètre de Beaumé, et s'arrange toujours de telle manière que la réaction ammoniacale soit très-légèrement prédominante dans le fumier, tandis que le réservoir à purin contient un très-léger excès d'acide ou de sulfate. Nous avons vu, dans une de nos précédentes leçons (1), les moyens faciles que l'on peut employer pour s'assurer que cette condition est remplie. On peut faire l'essai, d'abord en petit, sur un volume donné de fumier, ce qui n'exige que le sacrifice de quelques minutes ; on verse ensuite, à coup sûr, sur la couche entière, la dose de liquide convenable.

Si l'acide sulfurique n'offrait pas quelque danger pour les personnes peu habituées à le manier, son emploi serait le plus économique ; car il équivaut à deux fois et demie son poids de sulfate, et son prix est proportionnellement moins élevé.

On a proposé l'emploi du plâtre en poudre pour le même usage, et plusieurs agriculteurs ont annoncé s'en être bien trouvés ; le plâtre cru est plus commode ici que le plâtre cuit, parce qu'il se pelotonne moins en présence de l'humidité des fumiers.

Nous venons de voir que les agronomes les plus habiles s'accordent généralement à conseiller les fosses à purin. Les cultivateurs hésitent souvent à faire les frais de ces fosses, parce qu'ils se figurent qu'ils n'en obtiendront qu'une faible quantité ; ils ne songent pas que le petit filet de purin qui s'échappe de leur fumier coule pendant toute l'année, et grossit, à chaque pluie, aux dépens de leur tas de fumier. La litière, quelque abondante qu'elle soit, n'absorbe presque jamais la totalité des urines, surtout à l'époque où le bétail est mis au vert, et il serait impardonnable de ne pas diriger sur le fumier ou dans une fosse les urines qui s'écoulent hors des étables et des écuries.

Dans les exploitations peu avantageusement disposées pour la bonne confection des fumiers, il est assez rare qu'on ne puisse pas utiliser sans grands frais, comme fosse à purin, une de ces

---

(1) V. page 47.

mares infectes dans lesquelles vont se réunir les eaux de la basse-cour.

Lorsqu'enfin on aura jugé la construction d'un réservoir trop dispendieuse, à raison du peu d'importance de la ferme, ce qu'il y aurait de mieux à faire pour ne pas perdre les eaux du fumier, ce serait de recouvrir le fond de la fosse à fumier d'une couche de terre, de sable, de tourbe, de marne; en un mot, d'une substance sèche et poreuse capable d'absorber les matières liquides.

Lorsqu'après l'enlèvement du fumier, il reste dans les parties basses de l'emplacement qui lui est destiné des eaux noires, en un mot, du purin, il faut bien se garder de le laisser se dessécher spontanément à l'air; il faut, au contraire, s'empresser d'y répandre des litières ou l'une des matières absorbantes que nous venons de citer, ou les herbes qui proviennent des sarclures diverses. Dans ce dernier cas, on peut, dans un très-court espace de temps, transformer en un excellent engrais une foule de plantes nuisibles et quelquefois difficiles à détruire.

En résumé, nous venons de signaler des différences assez notables, même chez les agriculteurs les plus habiles, pour la manière d'administrer les fumiers après leur sortie des étables ou des écuries; mais nous voyons que les diverses méthodes auxquelles ils ont cru devoir donner la préférence satisfont généralement aux conditions suivantes:

1° Recueillir tout le purin dans une fosse placée de manière qu'il soit facile de reverser, au besoin, ce liquide sur le fumier;

2° Ne laisser arriver sur le fumier aucune eau étrangère;

3° Garantir le fumier d'une évaporation trop prompte et des lavages opérés par la trop grande abondance des eaux pluviales;

4° Ne pas laisser la température s'élever à plus de 28 ou 30 degrés centigrades;

5° Donner à l'emplacement du fumier une largeur suffisante, pour qu'il ne soit pas nécessaire d'élever les tas à une trop grande hauteur;

6° Faire, sur cet emplacement, assez de divisions pour que l'ancien fumier ne se trouve pas toujours enfoui sous le nouveau;

7° Disposer l'emplacement de telle sorte que les voitures puissent en approcher facilement, et qu'il ne faille pas faire de trop grands efforts pour en opérer le chargement.

Xᵉ LEÇON.

(*Fumiers.* — Suite.)

Lorsqu'on veut, dans une exploitation, se rendre compte aussi exactement qu'il est possible, de l'emploi et de la distribution des fumiers, il semble, à première vue, qu'il faudrait, pour déterminer la quantité de fumier portée par chaque voiture, peser celle-ci vide et ensuite lorsqu'elle est chargée. Cette méthode, praticable quand il s'agit d'essais en petit, pourvu que l'on dispose d'une bascule, occasionnerait, dans des travaux courants, des embarras trop dispendieux pour être suivie par la masse des cultivateurs, même les plus soigneux.

On peut obtenir, d'une autre manière, une expression approchée du poids d'une voiture de fumier, lorsque la capacité de cette voiture est connue; en d'autres termes, lorsque l'on connaît le volume du fumier contenu dans la voiture, volume dont la détermination n'offre aucune difficulté. Des expériences directes ont été faites dans le but de déterminer le poids du mètre cube de quelques-uns des fumiers les plus communément employés. Voici un certain nombre de résultats d'expériences de ce genre :

D'après de Voght,

Le fumier gras de bœuf, fermenté, pèse   702 kil. le m. cube.
Le fumier frais de bœuf.   580
Le fumier gras de cheval.   465
Le fumier de cheval, après huit jours de
  fermentation.   371
Le fumier frais de cheval. 365 (1)

Le fumier de bêtes à cornes en bon état, nourries abondamment, pas trop fermenté, dans un état moyen d'humidité, quand c'est la paille de céréales qui a servi de litière, peut peser jusqu'à 730 ou 750 kil. le mètre cube, sous la pression qu'il éprou-

---

(1) Les expériences de de Voght donnaient le poids du pied cube; on en a déduit le poids du mètre cube en multipliant le premier poids par 27.

verait dans une charrette où on le chargerait pour le porter aux champs. Il contient alors moyennement 75 % d'eau.

D'après M. de Gasparin, le fumier d'auberge du midi, produit par des chevaux nourris au foin et à l'avoine, sans excès de litière, ayant été peu arrosé, pèse 660 kil. par mètre cube ; le poids du mètre cube peut s'élever à 820 kil., lorsque le fumier est bien tassé sur la voiture qui le transporte. Il contient 60,58 % d'eau.

Dans les évaluations de ce genre, il ne faut pas perdre de vue que l'état d'humidité, plus ou moins grand, du fumier peut en faire varier notablement le tassement, et, par conséquent, le poids du mètre cube. Les nombres qui précèdent ne doivent donc être considérés que comme des résultats approchés.

Avant de nous occuper de l'emploi des fumiers comme engrais, il ne sera pas sans intérêt d'exposer quelques-uns des résultats fournis par l'analyse de ces substances.

L'élément dominant des fumiers, c'est l'eau. M. Boussingault a déterminé la quantité d'eau contenue dans les fumiers de sa ferme de Bechelbronn, au moment de leur transport sur les terres.

1re *Détermination.* — Fumier préparé dans l'hiver de 1837 à 1838.

Eau. 796
Matière sèche. . . . 204   } sur 1000 parties.

2° Fumier préparé dans l'hiver de 1838 à 1839.

Eau. 778
Matière sèche. . . . 222   } sur 1000 parties.

3° Fumier préparé pendant l'été de 1839.

Eau. 804
Matière sèche. 196
                      ———
                      1000

La moyenne de ces trois résultats, qui n'offrent que d'assez légères différences, donnerait :

Eau. 793
Matière sèche. 207   (1)

———

(1) Les animaux qui avaient concouru à la production de ce fumier, étaient :
30 chevaux ;
30 bêtes à cornes ;
12 à 20 porcs.

Quant à l'analyse complète, en voici les résultats moyens, sur 1 000 parties de fumier :

		Fumier humide.	Id. complètement sec.
	Eau.	793, 00	»
Matières organiques.	Carbone.	74, 00	358, 00
	Hydrogène.	9, 00	42, 00
	Oxygène.	53, 00	258, 00
	Azote.	4, 00	20, 00
Matières minérales.	Acide carbonique.	1, 34	6, 44
	—— phosphorique.	2, 01	9, 66
	—— sulfurique.	1, 27	6, 12
	Chlore.	0, 40	1, 93
	Silice, sable et argile.	44, 49	213, 81
	Chaux.	5, 76	27, 69
	Magnésie.	2, 41	11, 59
	Oxyde de fer, alumine.	4, 09	19, 64
	Potasse et soude.	5, 23	25, 12
		1 000, 00	1 000, 00

M. Girardin donne pour la composition d'un fumier récent, n'ayant subi qu'une fermentation peu avancée, les nombres suivants. — Sur 1 000 parties :

Eau.	750
Matières organiques solubles et insolubles.	50
Matières organiques insolubles, sels insolubles, fibre végétale et paille.	200
	1 000

Rickardson, de Londres, a trouvé dans un fumier que l'on répandait sur la terre :

Eau.		649, 6
Matières organiques.		247, 1
Matières minérales.	Sels solubles dans l'eau.	13, 4
	Sels insolubles.	57, 9
	Sable.	32, 0
		1 000, 0

Enfin, M. Braconnot a trouvé, dans 1 000 parties de ce fumier pâteux et consommé, que l'on désigne habituellement sous le nom de *Beurre-noir* :

Eau.	722, 0
Matières organiques et sels solubles, particulièrement des sels de potasse.	15, 0
Sels insolubles, sable, etc.	102, 7
Paille convertie en tourbe.	124, 0
Matière tourbeuse très-divisée, analogue à la précédente.	36, 3
	1 000, 0

Depuis long-temps les cultivateurs sont partagés sur la question de savoir dans quel état de décomposition les fumiers sont d'un emploi le plus avantageux : les uns ont donné la préférence aux fumiers frais, employés presque immédiatement après leur extraction de dessous les animaux ; d'autres ont adopté exclusivement l'emploi des fumiers bien fermentés. Cette diversité d'opinion peut avoir son origine, soit dans la différence de nature des terres, soit dans la différence d'altération éprouvée par les fumiers avant leur emploi, par suite de la diversité des soins qu'on a pu leur donner. Enfin, on ne s'est pas toujours suffisamment expliqué sur les proportions relatives des animaux qui avaient concouru à la production de ces fumiers. Si la fermentation du fumier était abandonnée à elle-même, nul doute qu'on éprouverait ainsi une perte assez considérable d'engrais en en différant trop long-temps l'emploi.

En soumettant à l'analyse 1 000 parties de fumier frais complètement desséché, M. Boussingault y a trouvé 27 d'azote. Déposé en couche épaisse et abandonné à une fermentation poussée aussi loin que possible, ce fumier s'est réduit à la dixième partie de son poids, et 1 000 parties de ce fumier consommé ne contenaient plus que 10 parties d'azote.

Par suite de cet excès de fermentation, il y a donc diminution considérable de la masse du fumier, et appauvrissement de l'engrais. Dans l'exemple que nous venons de citer, il y a eu perte des 96 centièmes de l'azote primitif.

Ajoutons qu'en soumettant les fumiers à un traitement déterminé, les résultats auxquels on parviendra seront notablement influencés par l'espèce des animaux producteurs de l'engrais. Ainsi le fumier de cheval, mis en tas, s'échauffe et se dessèche plus rapidement que les bouses et le fumier des bêtes à cornes : voilà pourquoi, si l'on n'en ralentit pas la fermentation par de plus fréquents arrosages et par un tassement convenable, il s'affaiblit proportionnellement plus vite ; de là, différence dans les résultats de son emploi.

La dissipation des gaz et des matières volatiles n'est pas le seul désavantage que l'on reproche à la fermentation des fumiers, poussée à l'extrême ; elle cause aussi une perte de chaleur. Nous savons, en effet, que cette fermentation produit beaucoup de chaleur. Lorsqu'on introduit du fumier frais dans la terre, il éprouve le même genre d'altération et donne naissance aux mêmes produits; seulement, la décomposition s'opère avec d'autant plus de lenteur que la fumure est moins forte. Il se produit de même alors de la chaleur, qui peut contribuer à entretenir les plantes à une douce température pendant la saison froide, et provoquer une végétation plus active. Les matières enfouies donnent naissance à des matières gazeuses qui se trouvent immédiatement en contact avec les organes des plantes, et celles-ci, sous l'influence de la chaleur naturelle du sol, à laquelle vient s'ajouter la chaleur développée pendant la fermentation du fumier qui les entoure, se trouvent dans des conditions plus avantageuses pour absorber les produits de cette fermentation.

On a aussi fait intervenir bien souvent, dans la discussion qui nous occupe, une expérience faite par Davy, et qui prouve, ce que nous savons déjà, qu'il y a déperdition de matières fertilisantes pendant la fermentation du fumier. Cette expérience a consisté à engager, sous les racines d'un petit carré de gazon faisant partie d'une bordure, le bec d'une cornue remplie de fumier. Au bout d'un petit nombre de jours, le gazon dont les racines se trouvaient dans le voisinage de la cornue se distinguait déjà, d'une manière remarquable, par sa belle végétation qui dépassait de beaucoup celle du reste de la bordure.

D'un autre côté, on a élevé contre l'emploi des fumiers frais diverses objections, dont voici quelques-unes des principales :

1° Les fumiers frais contiennent habituellement des graines de mauvaises herbes, et des œufs d'insectes, que la putréfaction seule peut détruire. Lorsque le fumier est employé à l'état frais, ces graines germent et produisent des herbes qui salissent la terre et affament les récoltes, et particulièrement celles des céréales.

Cette objection perd beaucoup de sa valeur lorsque cette fumure, au lieu d'être appliquée directement aux céréales, est appliquée aux plantes sarclées.

2° L'action des fumiers frais est beaucoup plus lente que celle des fumiers fermentés; la fermentation préalable, modérée, a pour but de commencer la désagrégation des matières organiques difficilement décomposables, et de les rendre ainsi plus facilement assimilables ; et comme ces matières organiques végétales constituent environ les dix-neuf vingtièmes du poids de la partie active du fumier, cette désagrégation permet de retirer, dans un temps plus court, l'intérêt du capital enfoui dans le sol à l'état de fumier.

Cette objection perd beaucoup de son importance dans les climats chauds et lorsqu'il s'agit de terres assez légères ; mais lorsqu'il s'agit de terres fortes, et surtout dans des climats froids, l'objection est fondée, et les fumiers qui ont éprouvé un commencement de fermentation y produisent de meilleurs résultats.

Les terres légères demandent à être fumées modérément et souvent ; les terres fortes, plus abondamment et moins souvent.

3° Dans l'emploi des fumiers trop frais, il pourrait arriver que les matières animales se décomposassent les premières, sans que la fermentation eût le temps de se communiquer aux pailles, qui alors, n'agiraient plus qu'avec une extrême lenteur.

Si les choses se passaient réellement ainsi, cette objection serait très-sérieuse; mais, en réalité, les choses ne se passent pas tout-à-fait ainsi, et la présence dans le sol de débris organiques, à divers degrés de décomposition, paraît une des meilleures conditions d'une bonne végétation.

Quant au temps qu'un fumier exige pour arriver à un état convenable de décomposition et à la rapidité avec laquelle marche cette décomposition, ils doivent dépendre, à parité de circonstances, de la nature de la paille qui a servi à la confection du fumier lui-même.

4° Enfin, on a été jusqu'à prétendre que les déjections nouvelles, employées comme engrais, nuisent à la végétation.

Peut-être, en élevant cette objection, a-t-on confondu l'excès avec l'usage; et alors on pourrait adresser le même reproche aux engrais fermentés.

D'ailleurs, le parcage des moutons, cette fumure si commune et si commode, est un exemple du peu de fondement de cette assertion. Davy rapporte aussi, dans sa *Chimie agricole* (1), que

---

(1) T. II, p. 43.

du crottin frais de cheval, mêlé à la terre dans la proportion d'un quart en volume, n'a exercé aucun effet nuisible sur la végétation des céréales.

Quoique l'on puisse éviter, en grande partie, la perte des principes fertilisateurs volatils qui apparaissent pendant la putréfaction des fumiers, en suivant l'une des méthodes que j'ai eu l'honneur de vous décrire dans notre dernière leçon, il semble néanmoins hors de doute que leur emploi direct, avant la fermentation, offre plus de garanties contre les pertes d'éléments utiles. D'ailleurs, il est difficile de raisonner contre des résultats d'expériences directes et multipliées.

Schmalz fit répandre dans un champ huit charretées de fumier gras, court et entièrement pourri ; dans un autre champ, de même grandeur, de même qualité, etc., il fit répandre six charretées, de même poids, de fumier frais et entier. Le rapport du poids de fumier fermenté au poids du fumier frais était celui de 4 à 3 : cependant, les produits obtenus sous l'influence du second furent plus beaux, et surtout les effets plus durables. Schmalz a répété souvent l'expérience, et toujours avec le même succès.

Hassenfratz a fait également des expériences comparatives sur deux parcelles de terre semblables ; il fuma l'une avec du fumier ayant à peine commencé à fermenter, et l'autre avec ce fumier pourri, pouvant se couper en mottes, que l'on désigne habituellement sous le nom de *beurre noir*. Les deux parcelles furent soumises aux mêmes cultures, ensemencées des mêmes récoltes. La première année, le produit fut meilleur dans le second champ; la seconde et la troisième année, sans nouvelle addition d'engrais, l'avantage fut pour le premier. Somme faite, le produit de la première parcelle surpassa celui de la seconde. On pourrait citer bon nombre de cultivateurs et d'agronomes qui partagent cette manière de voir. Les principaux cultivateurs anglais et écossais professent les mêmes principes ; ils conduisent pendant l'hiver, à mesure qu'il se produit, le fumier frais sur leurs soles de fèves, de pois, de vesces, de trèfle à rompre et de plantes fourragères annuelles.

Si le fumier frais a produit, à poids égal, d'aussi bons, sinon de meilleurs résultats que le fumier fermenté, il y a donc, en définitive, perte à le laisser fermenter, puisque son poids peut se réduire à la moitié de ce qu'il était primitivement.

Le maréchal Bugeaud était grand partisan des fumiers frais ; il trouvait, outre les avantages que nous avons déjà signalés, un autre avantage bien important en agriculture, une plus grande facilité dans l'emploi du temps.

M. Perrault de Jotemps conduit aux champs ses fumiers de la manière suivante :

En février et en mars, pour fumure des orges et avoines ;

En avril, pour fumure des pommes de terre et des betteraves semées en place ;

En mai et juin, pour fumure de betteraves, transplantées après vesces, trèfle incarnat, etc.;

En juillet, pour fumure de semis de colzas, navets, etc. ;

En août et septembre, pour fumure de semailles de céréales d'hiver ;

A la fin de l'automne et pendant l'hiver, pour fumure en couverture des blés non fumés à l'époque où ils ont été semés.

A Bechelbronn, MM. Boussingault et Lebel font transporter leurs fumiers aussi souvent qu'ils le peuvent. Les terres destinées à être fumées au printemps sont approvisionnées pendant l'hiver, lorsque les gelées permettent de les aborder. Le fumier est répandu le plus souvent sur la neige, et ils n'ont jamais trouvé aucun inconvénient à cette pratique.

Cet emploi du fumier frais peut être considéré comme une des pratiques les plus propres à conduire à la suppression des jachères sur les sols où la chose est possible ; il met à la disposition du cultivateur une plus grande masse de fumier ; il en résulte des récoltes plus abondantes ; et, par suite, la possibilité de nourrir plus grassement le bétail, et même d'en augmenter l'effectif. De là nouvelle augmentation de la masse des fumiers, de la masse des produits.

C'est ainsi qu'il arrive, plus souvent qu'on ne pense, en agriculture, qu'un meilleur emploi des éléments dont on dispose pourrait conduire tout aussi efficacement, et à beaucoup moins de frais, à l'amélioration du sol, que l'introduction dispendieuse d'engrais empruntés à toutes les parties du monde.

Thaër non-seulement conseille l'usage du fumier frais, mais recommande aussi de le répandre le plus tôt possible, au lieu de le laisser long-temps par petits tas, afin d'éviter l'écoulement du purin sur l'emplacement de ces dépôts, et les suites d'une fermentation inégale qui rendrait la bonne répartition plus difficile. L'illustre agronome de Moëglin attachait une telle importance à cette pratique, qu'il recommandait de ne pas différer l'épandage au-delà d'une journée.

Dans certains pays où l'usage du fumier frais est adopté, comme en Belgique, il arrive souvent que l'engrais est conduit aux champs, répandu et enfoui le même jour.

Lorsque le fumier est très-long, l'enfouissage présente quelques difficultés que l'on évite en déposant l'engrais dans les sillons, à mesure que la charrue les ouvre. Cette pratique, qui nécessite moins de frais de main-d'œuvre qu'on ne se le figure d'abord, est suivie en Belgique et en Alsace.

Je citais, il y a un moment, l'usage de conduire les fumiers en hiver, et de les répandre ainsi quelquefois assez long-temps avant de les enfouir. On a souvent critiqué cette méthode de laisser ainsi exposé aux intempéries des saisons, et pendant plusieurs mois, le fumier étendu sur les champs.

Lorsque le temps est sec, a-t-on dit, il est à craindre que la partie urineuse n'entre trop vite en fermentation, avec perte d'éléments volatils et, plus particulièrement, de carbonate d'ammoniaque; si, au contraire, le temps est pluvieux, les matières solubles peuvent être entraînées, et le reste éprouverait plus difficilement la fermentation dans la terre.

Cette divergence d'opinion chez des praticiens qui, tous, sont personnellement intéressés à retirer des engrais dont ils disposent le plus grand profit possible, demande à être jugée avec maturité. Lorsqu'il s'agit de méthodes en agriculture, il ne faut pas trop se presser de généraliser. Le climat, dans la question qui nous occupe, a aussi sa part d'influence dont il faut toujours tenir compte, avant de prononcer son jugement définitif.

Lorsque les fumiers ont été plâtrés ou traités par le procédé Schattenmann, on n'a pas à craindre la perte et l'affaiblissement par volatilisation.

Lorsque la saison n'est pas excessivement pluvieuse, l'expérience prouve que l'on n'a pas à redouter non plus que les parties solubles du fumier étalé soient entraînées trop profondément dans le sol, ou emportées au dehors, lorsqu'il est en pente.

Il est un usage qui nous prouve que l'on a dû s'exagérer souvent les inconvénients que je rappelais tout-à-l'heure, c'est l'usage des *fumures en couverture*, qui se répand de plus en plus depuis une quinzaine d'années. Cette fumure, qui s'applique plus particulièrement aux terres ensemencées de céréales d'hiver, se pratique ordinairement lorsque la plante est sortie de terre, et l'expérience prouve qu'en choisissant son temps, le passage des charrettes et le piétinement des chevaux ou des bœufs de charroi ne sont pas sensiblement dommageables et disparaissent bientôt. L'époque la plus convenable, néanmoins, est celle où, par suite des gelées, la terre peut supporter le passage des voitures.

M. Boussingault, sans recommander expressément la fumure en couverture, pense qu'on doit la considérer comme une pratique utile, lorsqu'il s'agit d'apporter au sol déjà en culture l'engrais qu'on n'a pu lui fournir à une époque antérieure.

Thaër, dont l'autorité est aussi d'un grand poids dans les questions agricoles, est plus explicite encore. Il affirme qu'il a trop souvent éprouvé les bons effets du fumier répandu en couverture sur les légumineuses, pour ne pas être convaincu de la bonté de cette pratique sur un terrain meuble, dans lequel les semailles auraient été tardives.

Plus récemment, M. Rolland de Blomac a vérifié, à plusieurs reprises, le fait du peu d'affaiblissement qu'éprouve le fumier en couverture sous l'influence d'une grande sécheresse, et il a reconnu, comme Mathieu de Dombasle, que ce genre de fumure convient surtout aux terres légères, sablonneuses ou calcaires.

Enfin, Messieurs, on a été plus loin encore dans cette voie : on a proposé, lorsqu'on ne peut employer immédiatement les fumiers à l'état frais, comme cela arrive dans la saison chaude, vers l'époque des moissons, de les exposer au soleil, en couches très-minces, pour les dessécher, et, une fois bien secs, de les disposer en meules comme les pailles ou les fourrages, afin que les pluies les pénètrent le moins possible jusqu'au moment de leur conduite aux champs.

M. Dailly, habile cultivateur des environs de Paris, assure s'être bien trouvé de cette méthode, pratiquée sur une grande échelle.

J'ai eu l'occasion de vous rappeler, à plusieurs reprises, l'emploi du sulfatage ou du plâtrage des fumiers pour modérer l'énergie de leur fermentation et amoindrir la perte de produits volatils fertilisants occasionnée par cette fermentation. Sous ce rapport, la précaution paraît avoir bien rempli son objet; et M. Didieux, qui a pratiqué la méthode du plâtrage, assure qu'il n'a jamais observé de moisissure dans ses fumiers plâtrés.

Il emploie le plâtre cuit en poudre, à raison de 20 litres pour 2 500 kil. de fumier frais.

Voici maintenant quelques résultats obtenus par l'emploi comparatif du fumier plâtré et du fumier non plâtré :

Le 1er octobre 1844, un hectare de terre argilo-calcaire reçut

52 000 kilogrammes de fumier plâtré ; un hectare contigu de la même terre reçut 52 000 kilogrammes de fumier non plâtré; un autre demi-hectare, à la suite, reçut 26 000 kilogrammes de fumier plâtré (1).

De cette manière, la parcelle de terre engraissée avec le fumier non plâtré se trouvait intercalée entre les deux autres.

Le fumier avait cinq mois et demi, et avait été plâtré le 15 mai précédent. Les trois parcelles avaient reçu, d'ailleurs, les mêmes préparations, reçurent la même semence, à la même époque, etc.

Avant l'hiver, le 1er décembre, les deux parcelles qui avaient reçu le fumier plâtré présentaient l'aspect d'une plus riche végétation que la troisième. Après l'hiver, les deux récoltes, observées le 17 avril, donnaient le même résultat: le blé paraissait, évidemment, plus fourni et plus vert dans les deux parcelles fumées avec le fumier plâtré.

Enfin, et c'est là le point essentiel, le produit en paille, balle et grain, obtenu avec le fumier plâtré, surpassa d'environ un tiers le produit obtenu sous l'influence du fumier (le même) non plâtré; toutes choses étant d'ailleurs aussi semblables que possible.

Le fumier plâtré, d'après le même agriculteur, offre encore cet avantage, que, si l'on intercale dans la céréale du trèfle, de la luzerne ou du sainfoin, la venue en est plus assurée. Cette remarque vient à l'appui de celle qu'avait faite, il y a une quinzaine d'années, Mathieu de Dombasle, que, pour assurer la bonne venue de ces plantes fourragères, il était avantageux de répandre, au moment de leur ensemencement, un bon demi-plâtrage.

D'après M. Didieux, cet avantage du fumier plâtré sur celui qui ne l'a pas été ne se borne pas à la première année ; il se prolonge pendant trois ou quatre années consécutives. Le plâtrage des fumiers doit être fait avec une certaine réserve ; car, d'après Braconnot, l'emploi inconsidéré du plâtre peut hâter la décomposition du fumier, au lieu de le conserver en ralentissant la fermentation.

---

(1) Le fumier était le même, à l'état frais.

XIᵉ LEÇON.

De l'emploi des fumiers provenant d'animaux divers. — *Colombine.* — *Poulaitte.* — *Guano.* (Sa composition, ses principaux gisements.)

Lorsqu'on abandonne les fumiers à eux-mêmes, et que l'on n'apporte pas dans la conduite de leur fermentation les soins dont la pratique des bons agronomes modernes a reconnu et démontré l'efficacité, il peut y avoir lieu à se préoccuper des qualités spéciales à chaque espèce de fumier ; la question de la séparation des fumiers provenant d'animaux d'espèces différentes peut alors avoir une certaine importance. Mais la différence qui peut exister entre ces diverses sortes de fumiers tend à s'effacer, lorsqu'on cherche à les obtenir dans les meilleures conditions possibles.

Cette observation, vous l'avez déjà senti, s'applique aux fumiers fermentés. Lorsqu'au contraire les fumiers sont employés à l'état frais, ils peuvent effectivement offrir certaines qualités spéciales, qui dérivent de la diversité d'organisation des espèces d'animaux qui les produisent, et du régime alimentaire qui convient à chacune d'elles.

Le *fumier de moutons*, ordinairement peu fermenté, à cause de l'insuffisance d'humidité, est surtout propre aux terrains argileux et froids. On le recommande pour les plantes oléagineuses, telles que colza, navette ; pour le chanvre, les choux, le tabac. Le lin ne s'en accommode pas aussi bien, parce que sa maturité se trouve alors trop hâtée, surtout si la fumure est récente.

Certains cultivateurs se plaignent de ce que les blés venus sur fumier de moutons sont plus sujets à verser que les autres.

Lorsque la fumure se fait au moyen du parcage, elle convient, au contraire, beaucoup mieux aux terres légères, sans doute à cause du tassement opéré par le piétinement des moutons.

Je vous citais, dans une de nos précédentes leçons, l'opinion de Mathieu de Dombasle, qui prononçait un arrêt de proscription presque complète du parcage des moutons. Schmalz affirme, au contraire, n'avoir jamais obtenu un si grand effet du fumier recueilli pendant une nuit à la bergerie qu'en une nuit de parc. Il serait bien à désirer que de nouvelles et nombreuses expériences faites sur ce sujet, dans des conditions de sol et de climat variées, vinssent expliquer ces contradictions ou donner raison à l'un ou à l'autre système.

Schmalz ajoute, et nous croyons qu'il a raison, que les terres parquées sont plus exemptes de mauvaises herbes que celles qui ont reçu tout autre fumier. Enfin, il assure encore que le blé venu sur parcage donne plus de paille que le blé venu sur fumier ordinaire.

Le *fumier de cheval*, d'après la composition que nous avons assignée aux déjections qui forment la base de cet engrais, et la moindre proportion de litière qu'elles exigent, devrait constituer un engrais plus actif, plus énergique que celui des bêtes à cornes; cependant, beaucoup de cultivateurs le considèrent comme étant de qualité inférieure à ce dernier.

Cette contradiction peut s'expliquer. Si le fumier est enterré frais, avant toute fermentation, il mérite certainement la préférence; mais, lorsqu'il est mis en tas, sans précautions, avant d'être employé, et qu'on n'en prévient pas l'échauffement et la dessiccation par un tassement et des arrosages convenables, il peut perdre beaucoup de son énergie et descendre bien au-dessous du fumier des bêtes à cornes. Nous avons vu, dans la dernière leçon (p. 110), jusqu'où peut aller cet affaiblissement. Préparé convenablement, il produit, d'après M. Puvis, un fumier demi-consommé au moins équivalent, s'il n'est supérieur, à celui des vaches. Les expériences de M. Schattenmann conduisent à la même conclusion.

Lorsque ce fumier n'est soumis à aucune préparation, on le réserve habituellement pour les sols argileux, profonds, humides; mais, lorsqu'il a été préparé avec soin, il convient à tous les sols.

Le *fumier des bêtes à cornes*, plus aqueux, lorsqu'il est frais, que celui de cheval et de mouton, exige, par cela même, moins de soins pour la conduite de sa fermentation. C'est le plus abondant dans les fermes, et il a l'avantage de pouvoir être appliqué à toutes les terres.

On a professé, et l'on professe encore des opinions bien diverses sur le rang qu'il convient d'assigner au *fumier de porc*. *Arthur Young* dit que la fiente de porcs entretenus à couvert, et sur une couche de terre, est d'aussi bonne qualité que la fiente de pigeons, et le docteur *Hunter* lui attribue aussi une très-grande énergie.

Schwertz a reconnu, par l'expérience, que le fumier des porcs à *l'engrais* produit, pendant deux années, un effet supérieur à celui des vaches, dans les mêmes terres et sur les mêmes plantes.

Bœnninghausen a constaté aussi que le fumier de porcherie, employé en couverture, ne le cède à aucun autre pour toutes les plantes, excepté pour les plantes à cosse.

Un très-grand nombre de cultivateurs pensent, au contraire, que le fumier de porc est inférieur en énergie à ceux de mouton, de cheval et de vache.

Théoriquement, et *à priori*, la comparaison des appareils digestifs de ces diverses espèces d'animaux conduirait à donner raison à la première de ces deux opinions. La connaissance de l'appareil digestif d'un animal permet, en effet, de préjuger jusqu'à un certain point les qualités de ses déjections comme engrais.

L'appareil digestif du porc est moins développé que celui du cheval et de la vache ; sa nourriture doit donc être moins volumineuse, et par suite plus substantielle, c'est-à-dire plus azotée, et la richesse des déjections en matières azotées est généralement en proportion directe avec la richesse des aliments. Ainsi, la fiente des animaux carnivores est plus azotée que celle des herbivores.

Si le porc, animal omnivore, qui peut se nourrir de fruits, de racines, de graines farineuses, et même de chair, recevait toujours en abondance des aliments de son choix, ses déjections seraient toujours très-riches en matières fertilisantes. L'analyse des excréments secs du porc leur assigne une place avantageuse parmi les engrais ; mais on s'est bien souvent fondé sur cette facilité avec laquelle le porc s'accommode de toute espèce d'aliments, pour lui donner une nourriture peu substantielle et surtout très-aqueuse, et les fumiers qui en résultent se ressentent alors de ces défauts de l'alimentation.

On reproche aussi au fumier de porc de contenir beaucoup de graines non digérées. Ce reproche pourrait être évité en concassant les graines que l'on fait entrer dans le régime de cet animal. Par l'emploi de ce fumier frais en couverture, on s'expose à brûler les jeunes plantes, à cause de la forte proportion d'urines qu'il renferme habituellement.

Ce fumier est assez rarement employé sans mélange, et l'on

ne peut qu'approuver l'usage de le mélanger avec le fumier de cheval.

Olivier de Serres dit que le fumier d'*âne* était fort estimé des anciens, qui le mettaient au premier rang pour la fumure des jardins.

Enfin, *Arthur Young* cite un fait d'après lequel le fumier de *lapins* pourrait être considéré comme supérieur à celui des pigeons, et d'une plus longue durée.

La question relative à la dose de fumier qu'il convient de donner à un hectare de terrain, trouverait naturellement sa place ici; mais c'est un point difficile à fixer. La nature du sol, la qualité du fumier, les soins dont il a été l'objet, la manière de l'employer, l'assolement adopté pour la terre qui le reçoit, sont autant de circonstances qui doivent modifier la dose qu'il est le plus convenable d'adopter.

Mathieu de Dombasle avait adopté, en moyenne, 20 à 25 000 kil. de fumier frais pour la fumure d'un hectare. M. Boussingault emploie de 48 à 49 000 kil. de bon fumier à demi-consommé; enfin, dans les environs de Paris, on va quelquefois jusqu'à 54 000 kil.

Excréments des oiseaux.

Ce genre d'engrais, dont la production s'amoindrit beaucoup dans nos fermes depuis quelques années, offre le très-grand avantage de contenir, sous un petit volume, une très-forte proportion de matière active.

Telles sont : La fiente des pigeons ;
  Celle des poules et dindons ;
  Celle des oies et des canards.

La fiente de pigeons, ou *colombine*, a été appréciée comme engrais depuis fort long-temps, et les auteurs anciens qui ont écrit sur l'agriculture ont tous recommandé de la recueillir avec le plus grand soin.

Voici, d'après M. Girardin, la composition de la colombine récente, sur 1 000 parties en poids :

Eau.	790, 0
Matières organiques.	181, 1
Matières salines diverses.	22, 8
Gravier et sable siliceux.	6, 1
	1 000, 0

J'ai trouvé, il y a quelques années, qu'un échantillon de colombine mélangé, contenant le produit de toute une année, renfermait, au moment de l'épandage, sur 1000 parties :

Eau. . . . . } 691, 8
Matières combustibles ou volatiles. . . }
Cendres. 308, 2
                                        ―――――
                                        1 000, 0

Le même échantillon, traité par l'eau bouillante pour le dépouiller des matières solubles, et desséché ensuite complètement à 110°, contenait :

Matières combustibles ou volatiles. . . . 638, 1
Cendres, gravier, etc. 361, 9
                                        ―――――
                                        1 000, 0

La fiente de tous les oiseaux constitue, généralement parlant, un engrais très-énergique ; mais la colombine mérite le premier rang parmi les engrais de nos oiseaux de basse-cour.

C'est un engrais chaud, tellement énergique, qu'il faut en user modérément, avec prudence ; il convient à toutes les cultures. Schwertz l'a appliqué pendant long-temps, et toujours avec le plus grand succès, sur le trèfle, en le mêlant avec de la cendre de houille (1).

Les cultivateurs flamands tirent du Pas-de-Calais, où il existe de nombreux pigeonniers, une grande partie de la colombine, qu'ils appliquent à leurs cultures. On loue, habituellement, une centaine de francs un pigeonnier de 600 à 650 pigeons, pour l'engrais qu'ils produisent. D'après M. Cordier, dans les environs de Lille, où cet engrais est particulièrement employé pour le lin et le tabac, la fiente de 7 à 800 pigeons suffirait pour la fumure d'un hectare.

M. Girardin (2) rapporte que, dans le pays de Caux, 100 pigeons fournissent, annuellement, de 810 à 970 litres de colombine.

M. Boussingault a trouvé, dans celle de Bechelbronn, 85 par-

―――――――――
(1) Schwertz, *Préceptes d'agriculture pratique*, p. 156.
(2) Girardin, *des Fumiers, considérés comme engrais*, p. 13.

ties 1/3 d'azote sur 1 000 parties. Cette grande richesse en azote ne doit pas surprendre, quand on sait que la matière blanche que l'on trouve dans la fiente des oiseaux est de l'acide urique presque pur, et que celui-ci renferme au moins le tiers de son poids d'azote.

En Flandre, on en porte quelquefois la dose à 2 000 kilog. par hectare, pour obtenir de très-belles récoltes de lin.

D'après les expériences analytiques de Davy, il serait avantageux d'employer la colombine avant sa fermentation. Il a, en effet, trouvé que 100 parties de colombine, exempte de paille et de plumes, contiennent, à l'état frais, 25 p. % de matières solubles dans l'eau, tandis que le même poids de fiente putréfiée n'en fournit plus que 8 p. %.

La fiente de poule ou *poulaitte*, quoique formant un engrais très-actif, est moins estimée des cultivateurs que celle des pigeons. M. Girardin indique, pour sa composition, les résultats suivants. — Sur 1 000 parties :

Eau.	729,0
Matières organiques.	162,0
Matières salines diverses.	52,4
Gravier et sable siliceux.	56,6
	1 000,0

J'ai trouvé moi-même que 1 000 parties de fiente de poule, prise au moment de son emploi, en octobre, contiennent :

Eau et matières organiques combustibles ou volatiles.	896,8
Cendres, matières fixes, gravier.	103,2
	1 000,0

La poulaitte et la colombine sont recherchées, dans le Midi, par les jardiniers. Les cultivateurs flamands les font aussi entrer dans la composition de leurs engrais liquides.

Le fumier de volaille, si nous exceptons le dernier usage qui vient d'être signalé, est rarement mélangé avec d'autres fumiers.

Répandu avec la semence des céréales, il produit sur les terrains humides, froids et tenaces, les plus grands effets qu'il soit possible d'attendre d'un engrais quelconque. Dans le pays de Caux, on l'utilise principalement pour l'orge, et la dose varie depuis 1 080 jusqu'à 2 160 litres par hectare. Dans la Flandre, on élève quelquefois la dose jusqu'à 2 500 kilogrammes. Le plus ordinairement, cet engrais est répandu seul, par un temps calme et sec, après avoir été pulvérisé au fléau ou de toute autre manière. D'autres fois, pour en faciliter la répartition plus égale sur le sol, on le mélange préalablement avec de la terre ou du terreau. Quelquefois on le recouvre par un trait de herse ; souvent on le sème en couverture après le hersage de la semence. On croit qu'il n'agit bien, sur les semis de printemps surtout, que s'il vient à pleuvoir peu de temps après l'épandage. Lorsque son emploi est suivi d'une sécheresse long-temps prolongée, il agit peu, ou même brûle en partie les jeunes plantes.

Cet engrais contient ordinairement en plus ou moins bonne proportion des pailles ou autres débris végétaux provenant des nids. Il est bon de séparer ces débris, à l'aide d'un rateau, après le battage, lorsqu'ils sont de nature à gêner l'épandage à la volée.

On a généralement la mauvaise habitude de laisser séjourner ces excréments pendant toute l'année dans les colombiers et les poulaillers ; il s'y engendre une multitude d'insectes qui tourmentent les volailles, et, en outre, l'amoncellement de l'engrais y provoque une fermentation qui en affaiblit l'énergie.

Il serait utile et avantageux d'enlever souvent ces engrais, de les déposer dans un lieu sec, et, si l'on devait en faire usage soi-même, de les mêler avec une terre charbonneuse, ou avec un peu de plâtre en poudre fine.

La fiente des *canards* et celle des *oies* passent pour avoir moins de valeur que celle des poules ; on la dit même nuisible aux herbes des prairies, surtout celle des oies : aussi les herbagers ont-ils grand soin d'empêcher les oies d'aller pâturer dans les prés.

La détérioration des prairies naturelles et artificielles par les oies paraît un fait constant ; mais il se pourrait que l'on se méprît sur la véritable cause. Lorsque les oies vont pâturer dans une prairie, leurs excréments sont épars çà et là sur le sol, et il faudrait leur supposer une action qui s'étende à d'assez grandes distances. Je serais bien plutôt porté à croire, d'après ce que j'ai vu sur de jeunes prairies artificielles traversées par des bandes d'oies, que ces oiseaux font beaucoup plus de mal aux herbes avec leur bec qu'avec leur fiente. Du reste, il serait bien facile, dans les pays où l'on s'occupe de l'élève des oies, d'étudier les effets de la fiente d'oies, appliquée directement.

Guano.

On emploie depuis bien long-temps, sur le littoral du Pérou et de la Bolivie, un engrais analogue à la colombine, que l'on trouve en abondance dans les îlots et sur quelques points des côtes de la mer du Sud, où il forme des dépôts qui ont souvent plus de 20 mètres d'épaisseur, et que l'on exploite à ciel ouvert sous le nom de *Guano* ou *Huano*.

La première analyse de cette espèce d'engrais fut faite par Vauquelin et Fourcroy, sur un échantillon rapporté par M. de Humboldt. Ils y ont trouvé :

1° De l'acide urique (environ 25 pour 100) ;
2° De l'oxalate d'ammoniaque ;
3° Du chlorhydrate d'ammoniaque ;
4° De l'oxalate de potasse ;
5° Des phosphates de potasse et de chaux ;
6° Du chlorure de potassium ;
7° Une matière grasse ;
8° Du sable.

Plus récemment, le docteur Fownes a soumis à l'analyse deux échantillons de guano : l'un (1), brun-clair, doué d'une odeur désagréable ; l'autre (2), plus foncé, était sans odeur. Il y a trouvé :

	(1)	(2)
Oxalate d'ammoniaque.		446
Acide urique.	662	
Traces de carbonate d'ammoniaque.		
Matières organiques.		
Phosphate de chaux et de magnésie.	292	412
Phosphates et chlorures alcalins.	46	142
Traces de sulfates.		
	1000	1000

On a tant parlé du guano, depuis huit ou dix ans, que je crois aller au-devant de vos désirs en vous citant textuellement les résultats de deux analyses complètes, l'une d'un échantillon venant directement de Lima, l'autre d'un échantillon pris dans les magasins de Liverpool :

	Guano de Liverpool (BARTELS).	Guano de Lima (VOELCKEL).
Sel ammoniac (chlorhydrate)	65,0	42
Oxalate d'ammoniaque	133,5	106
Urate d'ammoniaque	62,5	90
Phosphate d'ammoniaque	62,5	60
Sulfate de potasse	42,3	55
Sulfate de soude	11,2	38
Phosphate de soude	52,0	»
Phosphate ammoniaco-magnésien	42,0	26
Sel marin	1,0	»
Phosphate de chaux	99,4	143
Oxalate de chaux	163,6	70
Alumine	1,0	»
Résidu insoluble dans l'acide nitrique	58,0	47
Matière cireuse	6,0	»
Perte, eau, ammoniaque, matières organiques non déterminées	199,4	323
	1000,0	1000

Enfin, MM. Girardin et Bidard, en examinant le guano, l'ont séparé par le tamisage en deux parties, et ont ainsi obtenu :

1° Une poussière brune, humide, riche en carbonate d'ammoniaque ;

2° Des petits graviers blanchâtres, demi-durs, exempts de carbonate d'ammoniaque, et dans lesquels on a trouvé par l'analyse :

De l'urate d'ammoniaque ;
De l'oxalate d'ammoniaque ;
Des oxalates de potasse,
— de chaux,
— de magnésie ;
Du sulfate de potasse ;
Du chlorure de potassium ; } en très-petite quantité.
Une matière grasse,

Composition analogue à celle de la fiente des oiseaux aquatiques.

MM. Girardin et Bidard ont trouvé que 1 000 parties en poids de guano contiennent :

184 d'acide urique, équivalant à 61,3 } d'azote ;
Et 130 d'ammoniaque, équivalant à 107,3

c'est-à-dire que 1 000 de guano brut contiennent 168,6 d'azote.

MM. Boussingault et Payen avaient trouvé seulement 49,7 d'azote dans 1 000 parties de guano brut à l'état normal, et

53,9 d'azote dans le même poids de guano tamisé et séparé de sa poussière. En répétant leurs essais sur du guano puisé à des sources authentiques par l'entremise du ministre de l'agriculture, ils ont trouvé 139,5 d'azote dans cet engrais pris à l'état normal, et 157,3 dans un pareil poids du même engrais préalablement desséché. Ces derniers nombres se rapprochent de ceux obtenus par MM. Girardin et Bidard.

Les différences énormes que nous venons de signaler nous montrent qu'aucun engrais n'exige peut-être aussi impérieusement que celui-ci d'être séché et analysé, si l'on veut pouvoir compter sur sa richesse réelle. « Le mot *Guano* couvre des » marchandises fort différentes, dit avec raison M. de Gaspa- » rin, et quelques-unes de ces matières, outre leur qualité » inférieure par suite d'une détérioration naturelle et spontanée, » sont très-supectes de falsification. »

Le guano du Pérou, de première qualité, le plus estimé, a une couleur brune et une odeur putride prononcée; celui qui a une couleur orangée, et dans lequel domine une espèce d'odeur musquée, passe pour être inférieur en qualité au précédent.

Bien que l'usage du guano comme engrais paraisse ancien sur le littoral du Pérou et de la Bolivie, et que cet emploi eût été signalé depuis long-temps par M. de Humboldt, ce n'est qu'en 1840 qu'une société *péruvienne*, dont le siège est à Lima, formée de maisons françaises, anglaises et péruviennes, ayant obtenu des gouvernements péruvien et bolivien le monopole de l'exploitation du guano, le répandit hors de l'Amérique. De 1841 à 1844, plus de 30 000 tonneaux de cet engrais furent envoyés en Angleterre, où il produisit des résultats merveilleux. On l'a vendu jusqu'à 70 et même 75 fr. les 100 kilogr. Il est descendu, depuis, en France, à 25 ou 28 fr., et même au-dessous.

A peine l'importation du guano d'Amérique avait-elle commencé en Europe, que l'on découvrit des dépôts semblables dans d'autres régions du globe, sur la côte sud-ouest de l'Afrique, dans les dépendances de la colonie du cap de Bonne-Espérance, dans les îles Ichaboë, Angra-Pequena, Malaca, etc. Ce guano, exposé à des pluies parfois très-abondantes, est très-inférieur en qualité à celui du Pérou.

On a encore trouvé du guano près du cap Ténez, dans quelques îlots voisins de l'Algérie, et sur les côtes de la Patagonie. Il paraît qu'il existe d'immenses gisements de cet engrais dans diverses baies et anses de cette côte presque déserte.

La grande analogie de composition qui existe entre le guano et les excréments des oiseaux a conduit à penser que cet engrais doit avoir son origine dans un dépôt suffisamment prolongé des excréments d'oiseaux aquatiques, et l'on sait positivement que les îles qui le fournissent sont encore habitées pendant la nuit par une multitude d'oiseaux. Toutefois, d'après les calculs de M. de Humboldt, on ne peut guère évaluer à plus d'un centimètre l'épaisseur moyenne de la couche d'excréments qui seraient déposés, dans l'espace de trois siècles, par les hôtes actuels de ces îles. L'imagination recule effrayée devant l'âge qu'il faudrait assigner, en partant de ces calculs, aux dépôts actuels, dont quelques-uns ont plus de 20 mètres d'épaisseur, si l'on admettait cette lente progression. Il est résulté de là que plusieurs personnes ont pensé que ces immenses dépôts n'appartiennent pas à l'époque actuelle, mais que ce sont des excréments fossiles d'oiseaux antédiluviens. Nous ne pouvons entrer dans la discussion de ces diverses opinions, dont nous laissons toute la responsabilité à leurs auteurs. Bornons-nous à signaler l'existence de ces réserves de toute nature (engrais, combustibles, etc.) que la Providence nous fait découvrir pour compenser l'insuffisance de nos ressources habituelles !

Le guano d'Ichaboë, dont le gisement est peut-être déjà épuisé, est d'un brun chocolat, parsemé de beaucoup de points blancs. On y trouve beaucoup de débris de plantes en voie de décomposition, des débris de plumes, des fragments de coquilles, d'œufs et d'os de poissons. — Voici, d'après sir *Francis*, la composition qu'on peut lui assigner :

Sels ammoniacaux volatils (carbonate, chlorhydrate). — Matières combustibles, contenant ensemble 97 parties d'azote sur 1 000.	425,9
Eau.	271,3
Phosphate de chaux et de magnésie.	223,9
Matières terreuses.	8,1
Sels alcalins divers.	70,8
	1 000,0

D'après le docteur Ure, la proportion d'urates n'y dépasse pas 5 pour 100 ; ce qui a fait penser que cet engrais ne devait pas être uniquement le produit des déjections d'oiseaux, mais que celles des phoques devaient y entrer pour une très-forte proportion.

Le guano des côtes d'Afrique se vend de 20 à 22 fr. les 100 kil.

XII° LEÇON.

Guano. — Son emploi comme engrais.

Les cultivateurs anglais se sont bien trouvés d'avoir mélangé le guano avec le cinquième de son poids de charbon en poudre, et, si l'on en croit leurs récits, par suite de cette addition, la récolte de la seconde année est presque aussi belle que celle de la première, et 200 kilogr. de guano, mélangés avec 25 à 50 kil. de charbon, suffiraient pour fumer un hectare de terre à blé.

Cette fumure est trop faible; car toutes les expériences pratiques faites en France font porter cette dose à 350 ou 400 kil. au moins de bon guano du Pérou, pour la fumure complète d'un hectare.

C'est surtout dans les prairies que cet engrais produit les effets les plus prompts et les plus énergiques, et l'on rend son action plus durable en l'employant mélangé avec la moitié de son poids de plâtre en poudre fine. Vous savez, Messieurs, que cette addition de plâtre a pour effet de transformer les sels ammoniacaux volatils en sulfate qui n'est plus volatil, et qui est en même temps moins facile à dissoudre par les eaux pluviales.

Nous terminerons par l'exposé de quelques expériences faites en France sur le guano employé comme engrais, dans des circonstances assez variées.

I. *Expériences faites par M. Bodin sur les terres de la ferme-modèle d'Ille-et-Ville, près de Rennes. Ces expériences ont été faites sur un terrain déjà enrichi par une bonne culture.*

Dose de guano par hectare.	Récolte de froment.	Dépense d'engrais.	Excédant de recette (1).
0 kil.	2400 k.	0 f.	0 f.
250	2720	62 50	17 50
500	3556	125 00	164 00
1000	4080	250 00	170 00

(1) On a évalué le prix : Du guano, à 25 fr. les 100 kil. ;
Du blé, à 25 fr. les 100 kil. ;
De la paille, à 40 fr. les 1000 kil.

II. *Expériences de M. de Bec*, à la ferme-modèle de la Mantauronne (Bouches-du-Rhône).

Saison sèche.

Dose d'engrais par hectare.	Récolte en froment (grain).	Paille.	Dépense.	Excédant de recette.
0 kil.	872 k.	950 k.		
250 000 fumier	1404	1450		
500 guano	1222	4150	125 00	90 50
600 —	1211	4500	150 00	86 75
700 —	1158	4000	175 00	18 50
800 —	1239	5300	200 00	65 75
900 —	1288	6300	225 00	93 00
1000 —	2000	5150	250 00	200 50

Rapport de la paille au grain.

	Grain.	Paille.
1 —	100 —	132
2 —	100 —	129
3 —	100 —	340
4 —	100 —	371
5 —	100 —	345
6 —	100 —	399
7 —	100 —	489
8 —	100 —	236

III. *Expériences de M. J. Rieffel*, à la ferme-école de Grand-Jouan (1842-1843).

Terre de bruyère non calcaire ; sol de 25 centimètres de profondeur, formé d'un humus noir, léger, aride, reposant sur une argile graveleuse, jaune, imperméable. La terre avait été bêchée à 20 centimètres de profondeur. La récolte de blé y était à peu près nulle sans engrais.

Dose d'engrais par hectare.	Récolte.		Dépense.	Excédant de recette.
	Grain.	Paille.		
20000 kil. fumier	1054	2000	»	»
40000 id.	1477	3000		
1080 guano	2310	5500	270 f.	527 f. 50
2160 id.	2310	5800	540	269 50

Rapport de la paille au grain.

	Grain.	Paille.
1	—	»
2	— 100	— 190
3	— 100	— 265
4	— 100	— 257
5	— 100	— 249

IV. *Expériences de M. Lobelliat*, à la ferme de Sadroc (Corrèze).

Terre argilo-siliceuse, avec un peu de magnésie et faible trace de chaux.

Dose d'engrais par hectare.	Récolte.		Dépense.	Excédant de recette.
	Grain.	Paille.		
0 kil.	1 100 kil.	2 900	»	»
0	1 000	2 550	»	»
Moyenne	1 050	2 775	»	»
30 900 fumier	1 300	3 600	»	»
950 guano	1 400	5 000	237f. 50	82f. 00
1 900 id.	1 850	6 900	475 00	110 00

Rapport du grain à la paille.

	Grain.	Paille.
Moyenne des deux premiers résultats :	— 100	— 259
3	— 100	— 276
4	— 100	— 357
5	— 100	— 373

Dans ces diverses expériences, nous voyons le rendement en grain varier beaucoup, puisque le maximum est d'environ 24 hectolitres et demi par hectare dans la ferme de Sadroc, de 30 hectolitres de froment à Grand-Jouan, de 40 à la Mantauronne, et s'élève jusqu'à 52 hectolitres à Rennes.

Mais il est un fait qui résulte évidemment de ces expériences, c'est que le guano augmente le rendement en paille d'une manière très-notable, et proportionnellement beaucoup plus que celui du grain.

Il résulte d'essais faits par M. de Behague, en 1843, qu'en fauchant, au commencement de juin, le blé non encore complètement épié, le rendement en poids du fourrage vert obtenu sous l'influence du guano, à raison de 8 hectolitres par hectare, est supérieur à celui d'une fumure d'étable de 24 voitures d'environ 1 000 kil. chacune, mais notablement moins avantageux qu'un bon parcage.

L'emploi du guano, à raison de 16 hectolitres par hectare, produisit un effet supérieur même à celui d'un bon parcage; les parcelles sur lesquelles on avait semé cette dose d'engrais se détachaient, dans le champ d'expériences, comme de belles taches d'un vert foncé, visibles de très-loin.

ENGRAIS.	Nombre maximum de tiges sur un pied.	Longueur moyenne des tiges, le 3 juin.	Poids du fourrage vert d'un centiare (4 juin).	Poids présumé du fourrage par hectare.
Parcage.	6 à 8	1m 22	3k.05	30 500
8 hectolitres de guano	4	1 00	2 72	27 200
16 hectolitres id.	4 à 16	1 33	3 35	33 500
Fumier d'étable. . .	5 à 7	0 88	2 05	20 500

Ces résultats sont de nature à faire pressentir que l'emploi du guano doit être avantageux sur les prairies naturelles dans lesquelles les graminées dominent habituellement.

M. J. Rieffel faisait, à la même époque, des essais pour étudier l'action du guano et de divers autres engrais usuels sur une prairie élevée, non irrigable, semée depuis un an, et qui n'avait encore reçu aucun engrais. — Voici les résultats auxquels il est arrivé :

(L'engrais avait été répandu le 30 mars 1843, et le foin fauché le 15 mai).

NOMS des engrais.	Quantité employée par hectare.		Produit en vert.	Rapport de l'engrais au produit.	
	Hectolitre.	Kilogr.	Kilog.	Engrais.	Produit.
Guano. . .	24	2160	27 600	100	1277
Noir de raffinerie	24	2160	8000	100	370
Fumier de ferme	»	40 000	6000	100	15
Suie. . .	48	4800	4800	100	100

Peu de jours après l'épandage du guano, les parcelles qui en avaient reçu se dessinaient nettement parmi les autres. Les plantes étaient tellement nourries, qu'on avait de la peine à reconnaître leur identité. Le trèfle blanc, qui atteint ordinairement une hauteur de 20 à 25 centimètres, en avait 50 à 60; les ray-grass avaient des feuilles d'une longueur et d'une largeur démesurées pour leur espèce.

Lorsque l'on compare la quantité d'azote contenue dans les récoltes à celle que renferme le sol fumé avec le guano, on s'aperçoit qu'en général la proportion aliquote d'azote enlevée par la récolte est d'autant plus forte que la proportion de guano est elle-même plus considérable; mais, dans aucun cas, cette proportion d'azote n'atteint la moitié de celui que renfermait le sol, et pour lequel l'engrais peut quelquefois compter pour les cinq sixièmes.

Cette remarque, toutefois, n'est juste qu'entre certaines limites, car lord Vernon-Harcourt a reconnu que, lorsqu'on dépasse une certaine dose, le guano peut être employé à dose double sans produire des effets notablement plus énergiques, sans augmenter d'une manière sensible le rendement en grain et en paille des céréales.

M. Manoury, habile cultivateur de Lébisey (Calvados), a fait une remarque analogue sur le colza.

Puisque les récoltes qui viennent sous l'influence du guano ne profitent pas, il s'en faut de beaucoup, de la totalité de l'azote contenu dans cet engrais, on doit naturellement penser que son action peut se prolonger au-delà d'une année, ce qui est vrai surtout pour le guano plâtré ou sulfaté.

Le docteur Johnston a cru remarquer que le guano profite d'une manière toute spéciale aux récoltes-racines.

Lorque le guano était à un prix exorbitant, le docteur Johnston proposa, pour en faire descendre le prix, l'emploi d'une sorte de guano artificiel pour lequel il donna la recette suivante:

Os en poudre. . . .	595 kilog.,	coûtant	91 f.	11
Sulfate d'ammoniaque.	189	—	113	40
Sel marin.	189	—	33	07
Cendres.	9	—	2	00
Sulfate de soude. . .	18	—	2	52
	1 000	—	242	10

Suivant l'auteur de cette recette, il faudrait environ 120 kil.

de cet engrais pour équivaloir à 100 kil. de bon guano. En évaluant le bon guano au prix de 25 fr. les 100 kilogrammes, cet engrais artificiel serait plus cher que l'autre, car les 120 kil. reviendront à 29 fr. au moins. D'ailleurs, je ne connais encore aucun résultat d'expériences propres à en montrer l'efficacité.

M. Potter a proposé une autre recette de guano artificiel, dont voici les éléments :

Poudre d'os	400
Sulfate de chaux (plâtre)	200
Sel marin	200
Sulfate de soude	150
Sulfate d'ammoniaque délayé dans de l'urine	50
	1000

On ne se figure pas toujours ce que pourraient fournir d'engrais, certains oiseaux, même de petite taille, lorsqu'ils fréquentent constamment les mêmes lieux. M. de Gasparin cite certaines grottes, entre autres celles d'Arcis-sur-la-Cure, près d'Auxerre, qui fournissent une assez grande quantité d'excréments de *chauves-souris*, considérés comme un très-bon engrais. Il cite également les caves du château de *Vigevano* (Piémont), comme renfermant une couche épaisse de ces excréments.

On a trouvé, il y a quelques années, à 10 kilomètres N.-O. de Draguignan, dans la caverne de Beaume-Pouterri, une couche d'une sorte de guano de chauves-souris, dont le volume a été évalué à 75 mètres cubes.

Indépendamment des engrais divers que peuvent nous fournir les animaux pendant leur vie, ils peuvent encore, après leur mort, nous fournir une foule de débris de toute nature, sang, chair musculaire, débris de peaux, de crins, de plumes, de tendons, de cornes, os, etc., qui peuvent être utilisés comme engrais, et dont la quantité est plus considérable qu'on ne se le figure d'abord.

D'après MM. Haywood et Lée, la seule ville de Sheffield, qui possède une population de 110 000 habitants, produit, en débris et détritus de toute sorte, la plupart d'origine animale, environ 2177 tonnes, qui renferment :

1° Près de 596 750 kilog. de potasse et de soude ;

2° Environ 400 200 kil. de chaux et de magnésie ;

3° Près de 586 850 kil. d'acide phosphorique ; et comme le froment contient à peu près 1 p. % d'acide phosphorique, les chiffres qui précèdent correspondent à environ 58 685 000 kil. de froment.

On admettait autrefois que les animaux morts ne pouvaient agir utilement comme engrais qu'après leur complète transformation en terreau. Bosc professait encore, il n'y a pas bien longtemps, cette opinion, que vous serez sans doute loin de partager, d'après ce que nous savons sur les produits de la fermentation des fumiers lorsqu'elle est poussée jusqu'à cette extrême limite.

Beaucoup de cultivateurs poussent la négligence, car c'en est une impardonnable, jusqu'à laisser leurs animaux qui périssent de maladie ou qu'on est obligé d'abattre (chevaux, vaches, bœufs, moutons, etc.), exposés sur le sol jusqu'à ce que les oiseaux et les quadrupèdes carnassiers les aient dévorés, jusqu'à ce que tout en ait disparu, à l'exception du squelette.

Il en résulte tout-à-la-fois perte considérable d'engrais, émanations infectes et danger.

Le danger peut en résulter de plusieurs manières :

Les chiens attachés à la garde des moutons et à celle des vaches vont presque toujours prendre leur part de cette riche proie, et ensuite, en pinçant avec leurs dents les animaux confiés à leur garde, peuvent leur communiquer certaines affections charbonneuses par l'introduction de parcelles de matières en putréfaction.

Pareil accident peut provenir des piqûres des mouches qui sont allées aussi prendre leur part à la curée.

Au lieu de laisser ainsi se perdre une quantité considérable d'un excellent engrais, qui représente, lorsqu'il est sec, plus de trente fois son poids de fumier ordinaire, on peut, sans difficulté, en tirer bon parti de diverses manières :

On peut dépecer l'animal par petits morceaux, après en avoir enlevé la peau, disperser et enterrer de suite ces morceaux pour les soustraire à la voracité des animaux carnassiers. Ces derniers trouvent encore moyen alors d'en déterrer et d'en enlever une partie, et il est, d'ailleurs, assez difficile d'en faire une répartition régulière, sans donner une trop forte fumure. La stratification dans les tas de fumiers est sujette en partie aux mêmes inconvénients.

En Belgique, dès que tout espoir de rétablir un animal malade est perdu, on le conduit sur un champ ; là, on lui ouvre les veines, et on lui fait répandre son sang en marchant, jusqu'à ce qu'il tombe. On le dépouille alors de sa peau, et, après l'avoir grossièrement dépecé, on enfouit les morceaux dans une fosse, sous une couche assez épaisse de terre, jusqu'à ce que la viande se sépare facilement des os et puisse aisément se mélanger avec de la terre.

On peut, en ajoutant dans la fosse une quantité convenable de chaux, activer la décomposition, et rapprocher de beaucoup le moment où la matière transformée pourra être utilisée comme engrais. Lorsque la chaux a été employée en assez forte proportion, la décomposition est complète en moins d'un mois. On ouvre alors la fosse, on sépare les os et on les met de côté; puis on mêle la matière animale avec cinq ou six fois son poids de terre sèche. Au bout d'un mois, et avant de s'en servir, on recoupe plusieurs fois de suite le mélange avec la bêche, et il est propre à être employé.

Cet emploi se fait ordinairement au moment des semailles.

Il est bon de ne faire cette opération de recoupement qu'au moment de l'emploi, lors même que cet emploi devrait être différé assez long-temps, parce que cette opération a pour effet d'en activer trop la décomposition, et d'occasionner ainsi une déperdition considérable de sels ammoniacaux volatils.

L'usage de la chaux, pour amener ainsi plus rapidement les débris animaux à un état de décomposition convenable pour en faciliter l'emploi, peut occasionner des pertes de sels ammoniacaux volatils; si la couche de terre n'est pas suffisamment épaisse ou si elle est fissurée, une partie de ces produits peuvent s'échapper en pure perte dans l'atmosphère. On remédierait à cet inconvénient en mettant du plâtre par-dessus la chaux, et en mélangeant aussi du plâtre avec la terre qui doit recouvrir la fosse; enfin, il serait utile d'arroser les dernières couches supérieures avec une solution de couperose verte ou de tout autre sel de fer. Dans certaines exploitations, on a une fosse en maçonnerie cimentée, disposée exprès pour cet usage.

Pour manier sans danger ces débris d'animaux en putréfaction, on peut les arroser avec une dissolution de chlorure de chaux ou avec de l'eau de javelle affaiblie, et se mouiller fréquemment les mains avec l'un ou l'autre de ces liquides.

Tout ce que nous venons de dire est applicable aux exploitations agricoles; mais s'il s'agissait de l'abattage d'un très-grand nombre d'animaux dans un court espace de temps, cette méthode exigerait un espace superficiel très-considérable, beaucoup de temps, et donnerait encore un engrais assez volumineux. Le plus ordinairement, on fait bouillir les animaux dépecés, dans de grandes chaudières ; puis on dessèche, au moyen de la chaleur même qui sert à la cuisson, les chairs une fois désossées ; et on les pulvérise ensuite, ce qui se fait sans difficulté, au moyen de pilons ou de moules verticales.

Au lieu de cuire la chair de ces animaux par l'eau bouillante, on a trouvé plus avantageux, dans ces derniers temps, d'en opérer la cuisson au moyen de la vapeur. Voici, en quelques mots, la méthode suivie dans les fabriques d'engrais de la banlieue de Paris ; on saigne d'abord les animaux sur un sol dallé en pente, qui permet de recueillir tout le sang à part ; on les dépouille et on les dépèce ensuite par gros morceaux, que l'on arrange dans de grandes caisses ou cuves en bois, qui peuvent contenir jusqu'à 30 et même 36 chevaux ; puis on y fait arriver un jet de vapeur d'eau. Suivant la température de cette vapeur, la cuisson peut durer de 12 à 24 heures ; mais on a reconnu quelques avantages à opérer la cuisson à une température peu élevée.

On trouve, au fond de la cuve, une masse liquide formée de trois parties superposées.

La couche supérieure est formée de graisse, que l'on enlève avec des cuillers et qu'on emploie à divers usages. Cette graisse est d'autant meilleure que la cuisson s'est opérée à une température moins élevée.

La couche moyenne est une eau chargée de gélatine.

La couche inférieure est un mélange de sang et de matières charnues.

La couche intermédiaire est assez habituellement employée à la confection de la colle.

Le crottin que l'on retire des intestins est mélangé avec l'engrais provenant des chairs.

A l'état normal, la chair musculaire contient environ les trois quarts de son poids d'eau ; à l'état de dessiccation marchande, elle en contient encore 8 ou 9 pour cent. Cet engrais, qui contient 15 p. % d'azote, s'expédie au loin, au prix de 16 fr. les 100 kilogrammes.

M. de Gasparin fait observer, avec raison, que c'est un des engrais dont l'azote coûte le moins cher.

On mélange très-souvent, dans les dépôts d'engrais, la chair musculaire en poudre avec des tourbes et noirs animalisés divers, ferrugineux ou non ferrugineux, pour en confectionner divers engrais. Cette addition donne des engrais dont la décomposition est un peu plus lente ; mais on augmente ainsi le volume de l'engrais et, par suite, les frais de transport, puisque le mélange constitue un engrais moins riche.

Lorsque les débris d'animaux sont mous, comme ceux des tueries, des boucheries, etc., on peut les stratifier par couches dans le fumier, dont ils augmentent considérablement l'énergie. On peut aussi les enfouir directement à l'état frais ; mais alors il est à craindre qu'à raison de la grande énergie des produits de leur décomposition, ils ne nuisent à la végétation des plantes qu'ils sont destinés à engraisser. On peut, dans ce cas, éviter les mauvais effets que nous venons de signaler, en interposant entre ces matières animales et les racines une couche de terre d'une épaisseur suffisante pour préserver les spongioles des racines du contact immédiat de l'engrais, surtout dans les premières périodes de la végétation. Les produits volatils de la décomposition de ces débris sont alors absorbés par la couche de terre intermédiaire, qui les transmet ensuite plus lentement à la végétation.

Dans le voisinage d'une grande boyauderie, située à Grenelle, près de Paris, on fit faire, dans toute la largeur d'un champ, une tranchée d'environ 50 centimètres de profondeur, et l'on y répandit une couche d'environ 8 centimètres d'intestins en putréfaction, que l'on recouvrit immédiatement de 16 à 20 centimètres de terre.

On fit successivement de nouvelles tranchées parallèles à la première et presque contiguës, en rejetant la terre de chaque nouvelle tranchée sur celle qui la précédait.

On fit, sur cette partie du champ, la première année, une récolte de blé extrêmement abondante, comparativement à celle qui vint sur une égale surface de terre voisine, fumée avec du fumier ordinaire.

Au moyen de labours superficiels on fit ainsi une succession de belles récoltes : blé, seigle, choux, etc., sans nouvelle addition d'engrais, pendant huit années consécutives. Les deux dernières récoltes, betteraves et pommes de terre, s'en ressentirent encore d'une manière remarquable.

Le *sang* des animaux peut aussi être utilisé comme engrais, et même c'est l'un des plus énergiques que l'on connaisse, lorsqu'il a été préalablement desséché.

Le sang, à l'état normal, est composé de deux parties principales, qui se séparent lorsqu'on abandonne celui-ci à lui-même pendant quelques heures :

1° Le sérum, matière liquide jaunâtre, plus ou moins colorée, qui en constitue à peu près les neuf dixièmes ;

2° La fibrine et les globules qui en forment environ le dixième.

La fibrine perd 75 pour 100 de son poids par la dessiccation, et la matière sèche contient 199,3 pour 1 000 d'azote, et des traces de sels alcalins.

Le sérum perd environ 90 pour 100 d'eau par dessiccation, et la matière sèche est formée d'environ 76 p. 100 d'albumine (1) et 24 p. 100 de sels alcalins, contenant ensemble 157 d'azote pour 1 000.

Si, par la dessiccation, le sang ne perdait que de l'eau, il devrait donc renfermer de 180 à 187 parties d'azote par 1 000. M. Payen a trouvé, par l'analyse directe du sang sec, 170 d'azote.

La moyenne des analyses de sang des diverses espèces d'animaux donne de 725 à 850 millièmes d'eau ; et la partie organique contient, moyennement, environ :

527 de *carbone* ;
70 d'*hydrogène* ;
189 d'*azote* ;
214 d'*oxygène*.

D'après M. Nasse, sur 1 000 parties en poids,

Le sang de poule contient : 8,6
— de veau — 8,2
— de cochon — 8,0
— d'homme — 8,0
— de chat — 7,9
— de chèvre — 7,9
— de brebis — 7,9
— de cheval — 7,8
— d'oie — 7,4
— de chien — 7,2
— de bœuf — 7,0
— de lapin — 6,0

de matières salines, phosphates alcalins, sulfates (principalement du sulfate de soude), carbonates alcalins, chlorures (principalement de sodium), oxyde de fer, chaux, magnésie, faible trace de silice.

Les plus riches en phosphates sont ceux de cochon, d'oie, de veau et de poule.

---

(1) Substance comparable au blanc d'œuf.

Les plus riches en chlorures de potassium et de sodium sont ceux de poule, de chat, de chèvre et de brebis.

Le sang liquide des clos d'équarrissage contient 27 millièmes d'azote; lorsqu'il a été coagulé par la chaleur et pressé, mais non desséché, il en contient 45 millièmes.

Le sang liquide des abattoirs contient, moyennement, 29 1/2 millièmes d'azote, et 148 millièmes lorsqu'il a été bien desséché.

On pourrait employer directement comme engrais le sang liquide; mais sa décomposition s'opère alors avec une telle rapidité, que les produits qui en proviennent s'exhalent sans produire beaucoup d'effet. Au lieu de l'employer seul, on le pourrait délayer dans une assez grande masse d'eau, et le répandre en irrigations, à la manière des engrais liquides.

On le verse quelquefois sur les fumiers.

Il est plus avantageux de le faire absorber par des terres sèches, et, mieux encore, par des poudres à base de charbon, auxquelles on peut ajouter du plâtre ou du sulfate de fer.

Mais ce n'est pas sous cette dernière forme que l'on prépare le sang destiné à l'exportation, parce que l'on a ici intérêt à lui donner le moindre volume possible. On le coagule, soit à feu nu, soit à l'eau bouillante, dans de grandes chaudières, soit au moyen de la vapeur; on enlève, à l'aide de larges écumoires, la partie coagulée; puis on la soumet à une forte pression pour la dépouiller de la majeure partie du liquide dont elle est imprégnée.

Les pains qui sortent de la presse sont ensuite desséchés dans des séchoirs, à l'air libre, ou dans des étuves chauffées avec la chaleur perdue dans le cours des préparations antérieures.

C'est à raison de sa très-grande richesse sous un très-petit volume que le sang sec s'exporte jusqu'aux Antilles.

La coagulation du sang par la chaleur, lorsqu'elle s'opère sur une grande échelle, est une cause d'infection qui l'a fait proscrire par les conseils de salubrité des grandes villes, et il a fallu chercher d'autres procédés sujets à moins d'inconvénients, au point de vue de la salubrité publique.

M. Bonnet, adjudicataire du sang des abattoirs de Paris, employa successivement, avec plus ou moins de succès, le chlorure de fer et l'acide sulfurique.

Plus tard il employa, avec plus de succès et d'économie, le chlorure acide de manganèse, résidu de la préparation du chlore. On obtient ainsi un excellent engrais qui retient plus fortement son azote que le sang coagulé par la chaleur; on a donc ainsi gagné sous le rapport de la salubrité de l'engrais et sous le rapport de la qualité du produit. Il possède encore l'avantage d'être plus recherché sur certains marchés, à tort ou à raison, à cause de sa couleur plus noire.

Le sang desséché est aussi employé, comme la chair musculaire, à la préparation de divers mélanges employés comme engrais.

Le liquide qui se sépare pendant la coagulation du sang, et qui s'écoule des presses, dans ces divers procédés, pourrait aussi être employé comme engrais liquide.

XIII⁰ LEÇON.

Pains de creton. — C'est le nom que l'on donne habituellement au marc de graisse de bœuf, de mouton, de veau, etc., lorsque les fondeurs de suif en ont extrait la plus grande partie de la matière grasse. Ces pains, qui doivent leur compacité à la pression qu'ils ont subie, et sont formés principalement des membranes du tissu adipeux des animaux, d'un peu de sang, de muscles, de petits os ou débris d'os, et d'un peu de graisse dont ils restent imprégnés, constituent un excellent engrais.

D'après sa richesse en azote, 3 k. 1/2 de cette matière équivaudraient à 100 kilog. de fumier ordinaire, et ce rapport ne s'éloigne pas beaucoup de celui que l'on a déduit de l'expérience.

On répand souvent cet engrais sur les terres, directement et sans mélange : alors on est obligé de le diviser avec une hache ; quelquefois on le détrempe dans l'eau chaude pour opérer cette division plus facilement.

Son action se prolonge pendant trois ou quatre années. Pour en faciliter la répartition sur le sol, on le fait quelquefois aussi entrer dans des compôts, avec d'autres matières moins riches qui en augmentent le volume. Si le mélange doit être soumis à une fermentation préalable avant son emploi, il est bon d'y faire entrer l'une des nombreuses substances que nous avons reconnues propres à absorber ou à transformer les produits ammoniacaux volatils.

Rebuts et débris de poissons. — Les agriculteurs qui, par la proximité des bords de la mer ou des grands marchés aux poissons, peuvent se procurer avec économie de grandes quantités de poissons gâtés, de vidanges et d'écailles de poissons divers, peuvent les utiliser avantageusement comme engrais. La morue, complètement desséchée, contient de 108 à 109 millièmes de son poids d'azote, et le hareng, desséché complètement, de 105 à 106 millièmes. Ce dernier, à l'état frais, contient beaucoup d'eau, ce qui réduit notablement sa richesse en azote.

Les débris de poissons et les poissons avariés peuvent être employés de plusieurs manières :

1° A l'état plus ou moins frais, hachés en petits morceaux, sans aucune addition;

2° Desséchés aussi complètement que possible et réduits en poudre;

3° Broyés à l'état de plus ou moins grande dessiccation, avec des poudres charbonneuses capables d'absorber, au fur et à mesure de leur production, la majeure partie des gaz odorants qui rendent si désagréable le voisinage du poisson gâté. L'addition du sulfate de fer ou du plâtre est encore utile ici, mais ces matières agissent avec une efficacité moins complète, et surtout moins rapide, sur le poisson gâté que sur les matières fécales humaines.

4° Enfin les débris de poissons de toute nature peuvent être avantageusement mélangés avec les fumiers dont ils augmentent notablement la qualité. Aussi s'accorde-t-on généralement à mettre au-dessus même du bon fumier d'auberge le fumier des marchands de poissons.

5° La saumure et les huiles avariées de harengs peuvent aussi être mélangées avec le fumier. L'odeur rance qui les caractérise est due à la présence d'un acide, qu'il est bon de neutraliser avec de la terre sèche un peu calcaire, lorsqu'il s'y trouve en trop grande abondance.

Tangrum. — Pour extraire l'huile des harengs, on les fait bouillir pendant 5 à 6 heures, en ayant soin de remuer constamment. Lorsque les harengs sont réduits en bouillie, on laisse la chaudière se refroidir, et l'huile qui surnage peut être facilement recueillie. Le marc qui reste au fond des chaudières porte le nom de *Tangrum*.

Cette industrie de l'extraction de l'huile de harengs, d'abord très lucrative en *Suède*, tomba bientôt, parce que les *brûleurs de harengs* (c'est le nom que l'on donne à ceux qui s'occupent de cette industrie) rejetaient le tangrum dans la mer. Du moins, les harengs devenant plus rares sur les côtes, on attribua leur éloignement à la présence du tangrum jeté à la mer, et l'on obligea les brûleurs à transporter leurs résidus dans l'intérieur des terres et à les y enfouir, parce qu'en se putréfiant ils infectaient l'air jusqu'à d'assez grandes distances des lieux de dépôt.

On avait bien déjà reconnu l'efficacité de ces résidus comme engrais; mais la rapidité avec laquelle ils entraient en putréfaction, lorsqu'on ne les employait pas immédiatement, ne permettait pas d'en tirer tout le parti possible, parce qu'on ne pouvait pas conserver le tangrum dans le voisinage des brûleries.

En desséchant ces matières et les mélangeant avec des substances absorbantes, telles que poudres charbonneuses simples ou sulfatées, on pourrait les transformer en un engrais pulvérulent très-actif, susceptible d'être conservé sans inconvénient et d'un transport facile.

On doit sans doute attribuer, en grande partie, aux excréments et autres débris de poissons la fertilité dont jouissent les étangs empoisonnés, lorsqu'on les met à sec. M. de Gasparin s'est assuré directement, et à plusieurs reprises, que le dépôt qui se trouve au fond des bassins ou viviers bien peuplés de poissons, répandu sur des luzernes, y produisait des effets remarquables.

Débris et chiffons de laine. — La laine est reconnue depuis long-temps déjà comme un excellent engrais, et l'on s'accorde assez généralement pour attribuer en grande partie son efficacité à sa grande richesse en matières azotées. La laine contient de 160 à 180 millièmes de son poids d'azote.

« Un des phénomènes de végétation qui m'ont le plus étonné
» dans ma vie, dit Chaptal (1), c'est la fertilité d'un champ des
» environs de Montpellier, qui appartenait à un fabricant de
» couvertures de laine. Le propriétaire y faisait apporter,
» chaque année, les balayures de ses ateliers; et les récoltes en
» blé et fourrages que j'ai vu produire à cette terre, étaient
» vraiment prodigieuses. »

D'après M. Chevreul, la laine brute de mérinos, séchée à 100°, contient, sur 1 000 parties, en poids :

Matières terreuses qui se déposent dans l'eau de lavage. 261
Suint de laine, soluble dans l'eau froide. 327
Graisses particulières (stéarérine et élaérine). 86
Matières terreuses fixées par des graisses. 14
Laine proprement dite. 312
                                                        1 000

Outre la grande proportion d'azote qu'elle contient, la laine renferme encore beaucoup de soufre, qui doit jouer un rôle important dans son action comme engrais.

———————
(1) *Chimie appliquée à l'agriculture.*

« Pendant long-temps, dit Chaptal, les Génois recueillaient « avec soin, dans le Midi de la France, tout ce qu'ils pouvaient « trouver de retailles et de débris de tissus de laine, pour les « faire pourrir au pied de leurs oliviers. »

M. de Gasparin évalue à environ 45 millions de kilogrammes de laine la consommation annuelle de la France. Si les débris de toute nature qui en proviennent sous toutes les formes n'étaient pas en grande partie gaspillés, il y aurait de quoi fumer environ 14 000 hectares de terre chaque année; et comme cette fumure dure plusieurs années, on peut tripler, c'est-à-dire porter à plus de 40 000 hectares la surface de terrain qui pourrait être bonifiée et fertilisée par ces débris, s'il était possible de les rassembler en totalité. L'Angleterre en importe beaucoup du continent et de la Sicile pour la culture du houblon. En Provence, on s'en sert pour toutes sortes de cultures, particulièrement dans les terrains secs. La vigne et les oliviers s'en accommodent bien.

C'est principalement sous la forme de vieux chiffons qu'on utilise les débris de laine; leur décomposition dans la terre est très-lente et dure de 6 à 8 ans.

Au lieu d'employer en nature et seuls les chiffons de laine, Mathieu de Dombasle en formait ordinairement des compôts, en les mélangeant avec du fumier, en tas, afin d'y déterminer un commencement de décomposition avant leur emploi. Suivant cet habile agronome, 12 à 1 500 kilog. de ces chiffons ainsi mêlés à 4 ou 5 voitures de fumier du poids de 650 kilog., constituent une bonne fumure pour un hectare de terrain. C'est encore un engrais qui convient, sous le rapport économique, aux terres où la conduite des fumiers est difficile. Il conseille de recouper une ou deux fois le mélange quelques semaines avant de l'employer, afin de hâter un peu l'altération des chiffons.

Il faut éviter la dessiccation du tas, au moyen d'arrosages assez abondants pour imbiber la masse jusqu'au fond. Le purin qui en découle est très-riche en matière fertilisante, et peut servir non-seulement pour arroser le tas, mais encore pour arroser avantageusement les prairies (1).

La dose de chiffons nécessaire à la fumure d'un hectare n'est pas la même partout. En Angleterre on ne la porte guère au-delà de 1600 kil., tandis qu'en France on l'élève généralement à

(1) *Ann. de Roville*, t. VII.

2500 et même 3000 kilogrammes. M. Delongchamp, habile cultivateur de Seine-et-Marne, fait un grand usage de cet engrais, et l'emploie de la manière suivante: il fume d'abord avec 3000 k. de chiffons de laine ; et, trois ans après, il donne à la même terre une fumure de fumier ordinaire, dont le principal objet est d'entretenir le sol dans un état d'ameublissement convenable. Trois ans plus tard, nouvelle fumure avec les chiffons de laine, qui reviennent ainsi tous les six ans sur la même terre. Les chiffons de laine sont ordinairement enterrés à la charrue comme le fumier; mais il est indispensable de les diviser d'abord le plus possible avant de les employer, pour en faciliter la répartition et pour les soustraire plus facilement à la main des maraudeurs. On a proposé plusieurs machines à déchiqueter les vieux chiffons de laine; l'une des plus simples consiste en une lame de faux, implantée sur un billot, sous un angle de 45 degrés.

La division des chiffons et leur maniement, surtout lorsque ce sont de vieux chiffons sales, ne sont pas toujours exempts d'inconvénients; car la gale fut introduite à la colonie de Mettray, parmi les enfants qui en avaient été chargés. Il serait donc utile et prudent de passer ces chiffons à l'eau bouillante, ou, mieux encore, de les exposer à la vapeur d'acide sulfureux avant de les employer.

Un autre inconvénient contre lequel il est prudent de prendre quelques précautions, lorsqu'on emmagasine une quantité un peu considérable de chiffons, c'est qu'ils peuvent s'enflammer spontanément. La matière grasse dont ils sont imprégnés absorbe l'oxygène de l'air; il en résulte un dégagement de chaleur qui active encore davantage l'action de l'oxygène; et, si la masse est un peu volumineuse, la température peut s'élever assez pour déterminer l'inflammation.

Il y a quelques années, on ne payait les chiffons de laine, à Paris, que 6 francs les 100 kilog. A ce prix, ces chiffons constitueraient l'un des engrais les plus économiques que l'on puisse employer.

Le suint, dont la laine brute est imprégnée, constituerait aussi un excellent engrais par lui-même, et l'urine putréfiée que l'on fait habituellement intervenir pour faciliter le désuitage, ajoute encore aux qualités fertilisantes des eaux des lavoirs à laine. Ces eaux pourraient être employées avantageusement en irrigations; quelquefois on les fait écouler sur des terres poreuses, ou dans des fosses remplies de pailles qui s'en imprégnent.

La valeur de l'engrais que l'on obtient ainsi varie beaucoup, et dépend de la quantité et de la qualité du suint qui entre dans sa composition. Bien souvent ces eaux sont perdues, et l'on s'estime heureux lorsqu'elles n'infectent pas le voisinage en se putréfiant.

Les cheveux et poils de toutes sortes pourraient aussi être employés avec avantage comme engrais, si l'on pouvait s'en procurer en assez grande quantité. C'est, du reste, ce qu'il serait facile de prévoir d'après leur composition, si l'expérience n'avait pas encore constaté leur efficacité. En effet, les cheveux contiennent en moyenne, sur 1 000 parties :

   493, 0 de carbone ;
    63, 2 d'hydrogène ;
   169, 7 d'*azote* ;
   215, 0 d'oxygène ;
    49, 5 de *soufre* ;
     9, 6 de cendres.
   ―――――――
   1 000, 0

En Chine, la population entière se fait raser la tête tous les dix jours ; on ramasse les cheveux qui proviennent de cette tonsure, et, dans tout l'empire chinois, on les livre au commerce pour servir d'engrais.

Si l'on évaluait seulement à 1/2 gramme le produit moyen de chaque individu, il en résulterait, pour une population de 40 millions d'individus, un produit de 20 000 kilogrammes par 10 jours ou de 750 000 kil. par an. Si, d'après sa richesse en azote, nous assimilons cet engrais aux chiffons de laine, et si nous admettons qu'il en faille 3 000 kil. pour fumer un hectare de terre, la surface fumée par le produit annuel qui nous occupe s'élèverait à 243 hectares environ.

Sans doute, il est utile de signaler avec soin tout ce qui pourrait servir d'engrais pour nos champs, et nous devons nous associer au désir de ceux qui ne veulent rien laisser perdre d'utile, quelque petite qu'en soit la quantité ; mais, pour ce qui concerne les cheveux en particulier, il s'en perd peut-être moins qu'on ne le pense, parce qu'une grande partie des balayures des coiffeurs vont au tas de fumier.

On peut encore utiliser comme engrais les débris de *corne*, *sabots*, *griffes*, *ongles*, etc., des animaux, lorsque ces débris ont été amenés à un état d'assez grande division. L'expérience a prouvé, depuis long-temps déjà, que la *râpure de corne* agit comme engrais avec beaucoup d'énergie, convient à toute espèce de sol, et dure fort long-temps. Les cultivateurs anglais l'emploient souvent à la dose de 36 hectolitres par hectare (de à   kilog.).

Les diverses matières que nous venons d'énumérer ont sensiblement la même composition, et cette composition elle-même diffère peu de celle des cheveux, puisqu'on y a trouvé :

Carbone.	510
Hydrogène.	67
Oxygène, Soufre, } ensemble.	257
Azote.	166
	1 000

Les *plumes* ont une composition qui se rapproche beaucoup de la précédente, puisqu'on y a trouvé :

Carbone.	524
Hydrogène.	71
Oxygène, Soufre, } ensemble.	227
Azote.	178
	1 000

Les deux parties dont se composent la plume, le tuyau et la barbe, peuvent être considérées comme ayant la même composition.

La forte proportion d'azote que renferment les plumes nous montre que *l'on aurait grand tort de retirer les plumes et débris de plumes que l'on trouve quelquefois en assez grande quantité dans la colombine ou dans la fiente des poules.*

Marc de colle. — Lorsqu'on a traité par l'hydrate de chaux (1) les tendons des animaux, les rognures de peau, etc., pour en extraire la colle-forte, il reste un résidu qui, lavé et pressé, renferme tout ce qui n'a pas été dissous par l'eau bouillante, comme poils, débris d'os, de corne, de muscles, etc. C'est là ce qu'on appelle le *marc de colle.*

Cette matière, employée comme engrais à la dose de 5 à 600 kilogrammes, produit de bons effets ; mais, par suite de sa facile décomposition, cet engrais ne dure qu'un an.

---

(1) Combinaison d'eau et de chaux.

La facilité avec laquelle se décompose le marc de colle, en présence de l'humidité, rend sa dessiccation nécessaire lorsqu'on veut le conserver; une fois desséché, il peut être conservé pendant long-temps. MM. Payen et Boussingault y ont trouvé 4 pour 100 d'azote.

Excréments et débris divers de vers à soie. — On attribue, dans le Midi, une grande valeur aux litières chargées des excréments de vers à soie, des vers morts et des débris de feuilles de mûrier.

Dans les magnaneries bien tenues, on applique rarement ces litières à fumer les champs; mais, après les avoir fait sécher pour en faciliter la conservation, on les emploie à engraisser les moutons.

On n'emploie guère comme engrais que les litières qui n'ont pu être desséchées dans de bonnes conditions.

MM. Boussingault et Payen ont trouvé, dans les litières du 5° âge, bien desséchées, 35 millièmes d'azote, et dans celles du 6° âge, 37 millièmes.

Les *chrysalides* mises à nu par le dévidage des cocons peuvent aussi servir de bon engrais. Il y a déjà long-temps, Chaptal disait que, dans le Midi, on dépose souvent une petite quantité de ces chrysalides au pied des mûriers et autres arbres languissants, et que ces arbres se raniment alors d'une manière merveilleuse.

On pourrait encore utiliser comme engrais certains insectes nuisibles, qu'il serait possible de se procurer quelquefois en assez grande quantité et à un prix modéré, en les faisant ramasser par des enfants : tels sont les hannetons et leurs larves, connues sous les noms de *mans* et de *vers blancs*; seulement, il faudrait les faire périr avant de les enterrer. L'un des moyens les plus expéditifs consisterait vraisemblablement à les recueillir dans des sacs en toile un peu claire, que l'on mettrait dans une chambre bien close, contenant des terrines de soufre allumé; l'acide sulfureux qui se produit pendant cette combustion finit par les asphyxier. Une corde, attachée à chaque sac, permettrait de l'introduire et de le retirer facilement, sans être obligé de pénétrer dans la chambre. Seulement, il faut se hâter d'enfouir ces animaux, qui se putréfient aisément, les vers blancs surtout. Leur conservation serait peut-être praticable au moyen des poudres charbonneuses plâtrées ou vitriolées.

Il y aurait peut-être au moins autant d'avantage à utiliser ces

— 130 —

insectes pour l'engrais des volailles et des porcs, qu'à les employer comme engrais. Les Chinois, dit-on, font, sur leur table, une grande consommation de mans.

Nous terminerons ces leçons par le tableau indicatif de la richesse en azote des divers engrais que nous avons examinés, et des quantités de ces matières qui pourraient remplacer 100 kil. de fumier, d'après la proportion d'azote qu'ils renferment. C'est encore à MM. Boussingault et Payen que nous emprunterons presque toutes les données de ce tableau.

DÉSIGNATION DES ENGRAIS.	Azote contenu dans 1 000 parties d'engrais.	Quantité équivalant à 100 kil. de fumier de ferme ordinaire.
		k.
Chiffons de laine (tels qu'on les trouve dans le commerce).	179,8	2,28
Les mêmes, complètement privés d'eau.	202,6	2,02
Cheveux, complètement desséchés.	169,7	2,42
Plumes (à l'état normal).	153,4	2,67
Les mêmes, complètement desséchées.	176,1	2,33
Autre dosage.	178,0	2,30
Corne, sabots, griffes, ongles, etc., complètement desséchés.	166,0	2,47
Râpure de corne (telle qu'on la trouve dans le commerce).	143,6	2,85
Idem, complètement desséchée.	157,8	2,60
Bourre de poils de bœuf (à l'état normal).	137,8	2,98
Idem, complètement desséchée.	151,2	2,71
Chair musculaire, séchée à l'air.	130,4	3,14
Idem, complètement privée d'eau.	142,5	2,9
Sang insoluble, séché en grand.	148,7	2,8
Idem, complètement desséché.	170,0	2,4
Sang sec soluble (tel qu'on l'expédie).	121,8	3,4
Idem, complètement privé d'eau.	135,0	2,6
Sang coagulé et pressé.	45,1	9,1
Sang liquide des abattoirs de Paris.	29,4	13,9
Idem de chevaux épuisés.	27,1	15,1
Noir anglais (sang, chaux, suie), à l'état marchand	69,3	5,9
Idem, complètement privé d'eau.	80,2	5,1
Résidus de bleu de Prusse, animalisés avec du sang (à l'état marchand).	13,1	31,3
Idem, complètement desséché.	28,0	14,6
Pains de creton (à l'état marchand).	118,7	3,4
Idem, complètement secs.	129,3	3,2
Tourteau d'épuration des graisses vertes par la sciure de peuplier (état normal).	35,4	11,6
Idem, complètement privé d'eau.	39,2	10,3
Tourteau d'épuration d'huile de poisson par la sciure de peuplier (état normal).	5,4	75,9

DÉSIGNATION DES ENGRAIS.	Azote contenu dans 1 000 parties d'engrais.	Quantité équivalant à 100 kil. de fumier de ferme ordinaire.
Le même, complètement dépouillé d'eau.	5,8	70,7
Rognures de cuir désagrégé.	93,1	4,4
Marc de colle des fabriques (tel qu'on le trouve dans le commerce).	37,3	11,0
Le même, complètement privé d'eau.	56,3	7,4
Résidus de colle d'os.	5,3	77,3
Idem, complètement desséchés.	9,1	45,1
Morue salée, altérée.	67,0	6,1
La même, complètement privée d'eau.	108,6	3,8
Morue salée, lavée et fortement pressée.	168,6	2,4
La même, complètement desséchée.	187,4	2,2
Harengs frais.	27,4	15,0
Les mêmes, complètement desséchés.	117,1	3,5
Colombine (telle qu'on l'emploie).	83,9	4,9
La même, après complète dessiccation.	90,2	4,5
Guano venu par l'Angleterre.	50,0	8,2
Le même, complètement desséché.	62,0	6,6
Guano précédent, tamisé.	54,0	7,6
Le même, complètement sec.	70,3	5,8
Guano (importé directement du Chili).	150,3	2,9
Le même, complètement privé d'eau.	157,3	2,6
Guano d'Afrique.	84,0	4,9
Le même, complètement sec.	114,5	3,6
Litière de vers à soie (5ᵉ âge).	32,8	12,5
La même, complètement desséchée.	34,8	11,8
Litière de vers à soie (6ᵉ âge).	32,9	12,5
La même, complètement desséchée.	37,1	11,1
Chrysalides de vers à soie.	19,4	21,1
Les mêmes, complètement desséchées.	89,9	4,6
Hannetons.	32,0	12,8
Les mêmes, desséchés.	139,3	3,0
Fumier de ferme (à l'état ordinaire).	4,1	100,0
Fumier d'auberge du Midi (à l'état ordinaire).	7,9	52,0
Le même, complètement sec.	20,8	20,0
Terreau de crottin épuisé, complètement desséché.	10,3	40,0
Eaux de fumier.	0,6	683,0
Résidu des eaux précédentes, complètement desséché.	15,4	26,6

Outre la valeur comparative indiquée dans ce tableau d'après sa richesse en azote, chacun de ces engrais possède encore une valeur qui lui est particulière, et qui dépend de la nature et de la quantité des matières salines et inorganiques qu'il renferme. Ainsi 3 kilogrammes de chair musculaire sèche équivalent à

4 kil. 9 de fiente de pigeons, si nous ne tenons compte que de la matière organique azotée ; mais la fiente de pigeons contient une quantité considérable de matières salines et terreuses, dont on ne trouve que des traces dans la chair musculaire. Il résulte de là que la fiente de pigeons devra produire de meilleurs effets sur des sols et sur des plantes qui ont précisément besoin, pour accomplir une belle végétation, de ces matières minérales que nous ne trouvons pas dans la chair musculaire.

De même, les urines contiennent beaucoup de principes utiles qui ne se trouvent ni dans la corne, ni dans la laine, ni dans les poils.

Chacun de ces engrais peut donc exercer un effet particulier sur la végétation.

Le praticien verra, dans ces explications, pourquoi l'on ne peut pas employer avec le même succès, pendant long-temps, et sur les mêmes terres, un seul et même engrais simple ; et pourquoi, dans tous les temps et dans tous les pays, on a pris l'habitude de se servir d'engrais mélangés ou de compôts artificiels, faute de connaissances suffisantes sur les qualités spéciales de chacun des engrais simples que l'on pourrait employer.

Enfin, Messieurs, ne perdons jamais de vue que la connaissance de la composition chimique d'un engrais ne suffit pas au cultivateur pour qu'il en puisse tirer le meilleur parti possible ; il faut encore qu'il connaisse les conditions et le temps nécessaires pour la décomposition de cet engrais dans le sol, pour être à même d'utiliser convenablement, au profit de ses récoltes, les produits de cette décomposition.

Il me reste, maintenant, à vous remercier, Messieurs, de l'attention indulgente avec laquelle vous m'avez constamment écouté.

Cette bienveillance est pour moi un encouragement précieux pour continuer, l'année prochaine, la revue des matières auxquelles on attribue plus ou moins d'action sur la végétation. Les conférences de l'année prochaine seront donc consacrées aussi à l'étude chimique des engrais et de ces matières désignées, par certains agronomes, sous le nom de stimulants.

FIN DES LEÇONS DE L'ANNÉE SCHOLAIRE 1849-1850.

Caen, imprimerie de DELOS, rue Notre-Dame, 20, cour de la Monnaie.

www.ingramcontent.com/pod-product-compliance
Lightning Source LLC
Chambersburg PA
CBHW061551110426
42739CB00040B/2602